Technische Gesetze

Ein Schlagwortverzeichnis der in Österreich geltenden technischen Gesetze, Verordnungen usw. des Bundes und der Länder

von

Arnold Ilkow
Zivilingenieur für das Bauwesen

Springer-Verlag Berlin Heidelberg GmbH

1928

ISBN 978-3-662-31330-5 ISBN 978-3-662-31535-4 (eBook)
DOI 10.1007/978-3-662-31535-4

Zusammenstellung der Gesetze, Verordnungen usw., nach Schlagworten geordnet*)

Die vorliegende Zusammenstellung versucht alle Gesetze, Verordnungen usw. technischen Inhaltes, ferner die wichtigsten G.V. nichttechnischen Inhaltes zu bringen, deren Kenntnis für den Techniker unerläßlich ist. Sie ist als Behelf für Ingenieure (insbesondere die Zivilingenieure aller Gruppen, Patentanwälte), Baumeister, Unternehmer usw. gedacht, dürfte jedoch auch für den Staatsbaudienst und politischen Verwaltungsdienst nicht ohne Interesse sein.

Der Inhalt umfaßt nicht nur die Gesetze des Bundes, sondern auch der einzelnen Bundesländer, und ist daher in zwei Hauptabschnitte unterteilt. Ob der Verfasser mit der Auswahl die richtige Grenze getroffen hat, überläßt er der Entscheidung seiner Fachkollegen. Die Menge des zu bearbeitenden Stoffes macht es gewiß jedem Einsichtigen klar, daß das eine oder andere Gesetz übersehen werden konnte. Der Unterzeichnete richtet daher an seine engeren Fachkollegen die Bitte, ihn oder den Verlag vorkommendenfalls auf derartige Mängel aufmerksam zu machen.

Zur Zusammenstellung selbst wäre noch zu bemerken, daß, von Abkürzungen abgesehen, der Titel in der Regel im Wortlaut des Originales angeführt ist. Stichtag der Ausgabe ist der 1. Jänner 1928.

Eisenstadt, 1. Februar 1928

Ing. **Arnold Ilkow**

Angewendete Abkürzungen:

B.	Bundesgesetzblatt
betr.	betreffend
Dchfg.	Durchführung
E.	Erlaß
EM.	Eisenbahnministerium
FM.	Finanzministerium
G.	Gesetz
GO.	Gewerbeordnung
Hfd.	Hofdekret
HM.	Handelsministerium
H.u.G.I.u.B.	Handel und Gewerbe, Industrie und Bauten
K.	Kundmachung
KM.	Kriegsministerium
KP.	Kaiserl. Patent
KV.	„ Verordnung
LG.	Landesgesetz
M.	Ministerium
MK.	Ministerialkundmachung
M.d.I.	Ministerium des Innern
M.f.öff.A.	„ für öffentliche Arbeiten
MV.	Ministerium für Verkehr
NS.	Normaliensammlung für den politisch. Verwaltungsdienst
P.	Punkt
R.	Reichsgesetzblatt
s.	siehe
St.	Staatsgesetzblatt
VA.	Vollzugsanweisung
V.	Verordnung
V.E.G.	Verwaltungsentlastungsgesetz
v.	vorherig
Z.	Zahl

*) Auszugsweise in „Junk-Herzka, Der Bauratgeber“, 8. Aufl. Wien: Julius Springer. 1927, abgedruckt.

I. Bundesgesetze

Abgekürztes Verfahren

bei gewerblichen Betriebsanlagen s. GO.
bei wasserrechtlichen Verhandlungen s. Wasserrecht.

Ableitung von Gebirgswässern

s. Wildbachverbauung.

Abtorfung

G. 4/4 1919 St. 219 über die Inanspruchnahme von Grundstücken zur Gewinnung von Torf (AbtorfungsG.).
V. 28/6 1921 B. 331 betr. die Dchfg. der Enteignung nach dem AbtorfungsG.
V. 20/3 1922 B. 160 und 161 betr. die Übertragung von auf Grund des v. G. erworbenen Rechten; betr. die Übertragung von nach dem AbtorfungsG. der Bundesverwaltung zustehenden Berechtigungen an die Alpenländische Torfindustrie A. G.
G. 27/1 1925 B. 66 betr. Abänderung des G. 4/4 1919 St. 219.

Abwässer

s. Gerbereiabwässer, Wasserrecht und LG.

Achtstundentag

s. Arbeitszeit.

Agrarämter

s. folgendes.

Agrarische Operationen

G. 3/3 1868 R. 17 betr. die Gebühren- und Stempelfreiheit bei Arrondierung von Grundstücken.
G. 7/6 1883 R. 92 betr. die Zusammenlegung landwirtschaftlicher Grundstücke.
G. 7/6 1883 R. 93 betr. die Bereinigung des Waldlandes von fremden Enklaven und die Arrondierung der Waldgrenzen.
G. 7/6 1883 R. 94 betr. die Teilung gemeinschaftlicher Grundstücke und die Regulierung der darauf Bezug habenden gemeinschaftlichen Benützungs- und Verwaltungsrechte.
V. 5/7 1886 R. 108 betr. die Zusammensetzung und Geschäftsordnung der M.Kommission für agrarische Operationen im AckerbauM.
V. 5/6 1886 R. 109 betr. die Bereinigung des Waldlandes von fremden Enklaven und die Arrondierung der Waldgrenzen.
G. 27/12 1899 R. 263 betr. die Verlängerung des G. 3/3 1868 R. 17.
G. 21/4 1909 R. 131 betr. die Verlängerung der Wirksamkeit der Gebührenbefreiungen für Vermögensübertragungen aus Rechtserwerbungen anläßlich Agrarischer Operationen.
VA. 21/3 1919 St. 196 betr. die Organisation der technischen Gehilfen, technischen Hilfsbeamten und Feldmesser bei den Agrarämtern.
G. 28/7 1925 B. 281 betr. die Grundsätze für die Organisation der Agrarbehörden.
G. 9/12 1926 B. 360 über eine grundsätzliche Ergänzung des G. 7/6 1883 R. 92.
G. 4/3 1927 B. 79 AgrarverfahrensG. (Agr.V.G.).

Alkohollösungen

V. 19/11 1925 B. 410 betr. die Verwendung von Reduktionstafeln zur Bestimmung
V. 20/7 1926 B. 234 der wahren Stärke von Alkohollösungen und ihres Volumens
V. 23/3 1927 B. 111 bei 15° C.

Alkoholometer

V. 24/6 1927 B. 202 betr. die Einrichtung der finanzamtlichen Verkehrs-alkoholometer.

Ammoniak

V. 11/12 1926 B. 110 betr. die Festsetzung eines Tarazuschlages für die Einfuhr von Ammoniak in Kesselwagen.

Amonal

E. 7/4 1905 M.d.I. 13 781 Amonal (NS. 5294),
„ 10 630 betr. Deponierung des Sprengmittels Amonal (NS. 6348).

E. 13/6 1908 M.d.I. 10 630.

AngestelltenG.

s. PrivatangestelltenG.

AngestelltenversicherungsG.

G. 29/12 1926 B. 370 betr. die Kranken-, Stellenlosen-, Unfall- und Pensions-versicherung der Angestellten.
K. 26/3 1927 B. 107 Druckfehlerberichtigung zum v. G.
V. 24/6 1927 B. 189 bis 191. I bis III DchfgV. zum v. G.
G. 2/8 1927 B. 240 I. Novelle zum v. G.

Arbeiterausweiskarten

VA. 12/2 1919 St. 106 betr. die Ausstellung von Ausweiskarten für gewerbliche Hilfsarbeiter.

Antennen

s. TelegraphenV. II.

Arbeiterkammern

G. 26/2 1920 St. 100 über Errichtung von Kammern für Arbeiter und Angestellte.
G. 1/10 1920 St. 469 betr. Abänderung des v. G.
V. 10/11 1920 B. 4 zum v. G.

Arbeiterschutz

s. auch Steinbrüche, Inlandsarbeiterschutz.

V. 23/11 1905 R. 176 mit welcher auf Grund des § 74 des G. 8/3 1885 R. 22 allgemeine Vorschriften zum Schutze des Lebens und der Gesundheit der Hilfsarbeiter erlassen werden.

V. 7/2 1907 R. 24 mit welcher Vorschriften zur Verhütung von Unfällen und zum Schutze der Gesundheit der Arbeiter bei gewerblicher Ausführung von Hochbauten erlassen werden.

V. 29/5 1908 R. 116 mit welcher Vorschriften für den gewerbsmäßigen Betrieb von Steinbrüchen, Lehm-, Sand- und Schottergruben erlassen werden.

V. 22/8 1911 R. 172 mit welcher Vorschriften zum Schutze des Lebens und der Gesundheit der bei der Zuckerfabrikation beschäftigten Arbeiter erlassen werden.

V. 25/9 1911 R. 199 mit welcher Vorschriften zum Schutze des Lebens und der Gesundheit der bei der Papierfabrikation beschäftigten Arbeiter erlassen werden.

G.	28/7	1919	St. 406	über die Beschäftigung von jugendlichen und weiblichen Arbeitern, dann über die Arbeitszeit und die Sonntagsruhe beim Bergbau (BergarbeiterG.).
V.	8/3	1923	B. 183	womit Vorschriften zum Schutze des Lebens und der Gesundheit der in den der Gewerbeordnung unterliegenden Blei- und Zinkhütten und Zinkweißfabriken beschäftigten Personen erlassen werden.
V.	8/3	1923	B. 184	womit Vorschriften zum Schutze des Lebens und der Gesundheit der in gewerblichen Betrieben zur Erzeugung von Bleiverbindungen, Bleilegierungen und Bleiwaren beschäftigten Personen erlassen werden.
V.	8/3	1923	B. 185	womit Vorschriften zum Schutze des Lebens und der Gesundheit der in gewerblichen Betrieben mit Buch- und Steindruckerei- sowie Schriftgießereiarbeiten beschäftigten Personen erlassen werden.
V.	8/3	1923	B. 186	womit Vorschriften zum Schutze des Lebens und der Gesundheit der in gewerblichen Betrieben mit Anstreicher-, Lackierer- und Malerarbeiten beschäftigten Personen erlassen werden.
K.	6/6	1924	B. 226	womit Vorschriften zum Schutze des Lebens und der Gesundheit der in gewerblichen Betrieben mit Anstreicher-, Lackierer- und Malerarbeiten beschäftigten Personen erlassen werden.

Arbeiterstanderhaltung

VA.	14/5	1919	St. 268	über die Einstellung von Arbeitslosen in gewerblichen Betrieben.
VA.	20/8	1919	St. 429	über die Erhaltung des Arbeiterstandes in gewerblichen Betrieben.
VA.	16/10	1919	St. 489	wie vorher.
VA.	16/1	1920	St. 392	,, ,,
V.	28/4	1924	B. 144	,, ,,
V.	19/4	1926	B. 102	,, ,,
V.	19/6	1926	B. 157	,, ,,
V.	20/10	1926	B. 300	,, ,,
V.	11/12	1926	B. 368	,, ,,
V.	11/6	1927	B. 383	,, ,,

Arbeiterunfallversicherung

s. Unfallversicherung.

Arbeiterurlaub

G.	30/7	1919	St. 395	über den Urlaub von Arbeitern (ArbeiterurlaubsG.).
G.	28/9	1922	B. 725	I. ArbeiterschutzV.

ArbeiterversicherungsG.

G.	1/4	1927	B. 125	betr. die Kranken-, Unfall- und Invalidenversicherung der Arbeiter (ArbeiterversicherungsG.).

Arbeiterwohnungen

G.	9/2	1892	R. 37	betr. Begünstigungen für Gebäude mit gesunden und billigen Arbeiterwohnungen.
G.	8/7	1902	R. 144	wie vorher.
V.	7/11	1903	R. 6	Dchfg. des v. G.
E.	2/11	1911		M.f.öff.A. Z. 873/4-III betr. allgemeine Weisungen hinsichtlich der Handhabung des v. G. (NS. 6386).

Arbeitsbücher		
		s. auch Artikel des V.E.G.
G. 25/1	1919 St. 42	über die Aufhebung der Arbeitsbücher und über die ungerechtfertigte Lösung des Arbeitsverhältnisses durch den Arbeiter.
Arbeitslosenversicherung		
G. 24/3	1920 St. 153	über die Arbeitslosenversicherung.
G. 28/7	1926 B. 206	XXI. Novelle zum v. G.
G. 16/2	1926 B. 384	XIX. Novelle zum v. G.
V. 18/9	1926 B. 278	XXIII. Dchfg.V.
Arbeitslosigkeit		
G. 11/6	1924 B. 226	Entwurf eines Übereinkommens über die Arbeitslosigkeit.
Arbeitsnachweis		
V. 1/8	1918 R. 287	betr. die Errichtung eines Wirtschaftsverbandes des Baugewerbes.
V. 12/7	1921 B. 429	über die Errichtung eines öffentlichen Arbeitsnachweises für Metallarbeiter in Wien.
Arbeitspausen		
V. 14/9	1912 R. 187	mit welcher die auf Grund des § 74a der Gewerbeordnung erlassenen besonderen Bestimmungen bezüglich der Arbeitspausen in gewerblichen Betrieben teilweise abgeändert werden.
Arbeitszeit		
G. 17/12	1919 St. 581	über den achtstündigen Arbeitstag.
VA. 28/7	1920 St. 349	womit Ausnahmen vom v. G. gewährt werden (I. AusnahmeV.).
VA. 9/11	1920 B. 7	II. AusnahmeV.
V. 4/12	1924 B. 434	III. AusnahmeV.
V. 28/12	1925 B. 90	IV. AusnahmeV.
V. 11/12	1926 B. 369	womit die Wirksamkeit der Bestimmungen über die Gewährung von Ausnahmen vom AchtstundentagG. fürs Sägegewerbe verlängert wird.
V. 19/3	1927 B. 93	Abänderung der v. V.
		s. a. Arbeiterschutz.
Aufbauten		
		s. BautenbegünstigungsG.
Aufzüge		
		s. LG.
Automobil		
V. 27/9	1905 R. 156	betr. die Erlassung sicherheitspolizeilicher Bestimmungen für den Betrieb von Automobilen und Motorrädern.
G. 9/8	1908 R. 162	betr. die Haftung für Schäden aus dem Betriebe von Kraftfahrzeugen.
V. 26/10	1908 R. 221	betr. die Kraftfahrzeuge mit geringer Geschwindigkeit.
V. 28/4	1910 R. 81	betr. die Erlassung sicherheitspolizeilicher Bestimmungen für die Betriebe von Kraftfahrzeugen (Automobile, Motorzüge und Motorräder).
V. 19/3	1917 R. 125	betr. die Fahrgeschwindigkeit von Lastkraftwagen ohne Gummibereifung.
V. 31/5	1918 R. 188	mit welcher die v. V. abgeändert wird.
K. 26/6	1918 R. 241	M.d.I. wegen Richtigstellung eines Fehlers in der v. V.
V. 19/4	1921 B. 236	betr. die Kraftfahrzeuge mit geringer Geschwindigkeit.

G. 3/5 1922 B. 300 womit G. 9/8 1908 R. 162 abgeändert und ergänzt wird (Novelle zum KraftfahrzeughaftpflichtG.).

V. 5/5 1925 B. 156 betr. die Haftpflichtversicherung für Schäden aus dem Betrieb von Kraftfahrzeugen.

Automobilgaragen

s. LG. unter Bauordnungen.

Azetylen

V. 10/9 1912 R. 185 betr. die Herstellung und Verwendung von Azetylen und den Verkehr mit Karbid.

1912 Technische Anleitung für die Begutachtung von Azetylengasapparatsystemen und Rückschlagsicherungen ad HM. 15411.

Badeanstalten

s. LG.

Bahnen

s. Eisenbahnen.

BauaufwandbegünstigungsG.

G. 21/12 1923 B. 637 Über Steuerbegünstigungen für Wohn- und Geschäftshausbauten in den Jahren 1924, 1925.
s. auch InvestitionenbegünstigungsG., BautenbegünstigungsG. und Begünstigte Bauten.

Baugebühren

s. LG.

Baugewerbe

s. auch Maurerberechtigung.

G. 26/12 1893 R. 193 betr. die Regelung der konzessionierten Baugewerbe.

V. 27/12 1893 R. 194 womit in Ausführung des v. G. die im Grunde des § 2, Abs. 2, des gedachten G. als ausgenommen erklärten Orte verlautbart werden.

V. 27/12 1893 R. 195 betr. das Prüfungs- und Zeugniswesen für Bewerber um die Konzession zu einem Baugewerbe, ferner die bei Vereinigung mehrerer Baugewerbe in einer Person zu gewährenden Erleichterungen.

V. 27/12 1893 R. 197 betr. die Feststellung jener technischen Lehranstalten im Bereiche der Länder der ung. Krone und des Auslandes, welche den inländischen technischen Hochschulen bezüglich des Inhaltes der §§ 10 bis einschl. 13 des G. über die Regelung der konzessionierten Baugewerbe gleichgestellt werden.

V. 14/3 1912 R. 58 betr. die Bezeichnung jener Lehranstalten, mit deren Absolvierung Begünstigungen bei Erbringung des Nachweises der besonderen Befähigung für den Antritt von konzessionierten Baugewerben verbunden sind.

V. 7/11 1912 R. 209 Abänderung der V. 27/12 1893 R. 195.

V. 10/11 1917 R. 446 Ergänzung der V. 14/3 1912 R. 58.

VA. 31/12 1919 St. 13 ex 20 betr. den Zeitpunkt der Ablegung der Baugewerbeprüfung.

V. 8/1 1926 B. 20 betr. Erhöhung der Taxe für Baugewerbeprüfungen.

Baukonstruktionen

14/4 1902 Bestimmungen über die Belastung von Baukonstruktionen (NS. 4709).

Baumeister

s. Baugewerbe und Maurerberechtigung.

Baurat h. c.

E. 9/12	1926	B. 360	betr. die Schaffung von Berufstiteln (Baurat, Bergrat, Forstrat h. c.).

Baurecht

G. 26/4	1912	R. 86	betr. das Baurecht.
V. 3/6	1912	R. 112	betr. die Dchfg. der Bestimmung des § 19 des v. G.
V. 11/6	1912	R. 114	über die Dchfg. des G. 26/4 1912 R. 86.

Baurevers

s. LG. unter Bauordnungen.

BautenbegünstigungsG.

s. a. BauaufwandbegünstigungsG.

G. 2/6	1922	B. 335	betr. ausgedehnte Steuerbefreiung und sonstige Begünstigungen für Neubauten, Zubauten, Aufbauten und Umbauten.

Bauvereinigungen

V. 12/7	1912	R. 163	betr. die Dchfg. der steuerrechtlichen Bestimmungen des G. 28/12 1911 R. 243 über Steuer- und Gebührenbegünstigungen für gemeinnützige Bauvereinigungen.

Bedingnisse

E. 23/5	1914		M.f.öff.A. Z. 26 954-IX e. Besondere Bedingnisse für die Lieferung und Aufstellung eiserner Tragwerke.

Befähigungsprüfung

s. Baugewerbe und Ziviltechniker und

Befähigungsnachweis

V. 6/8	1907	R. 196	H.M. über den erforderlichen Nachweis der besonderen Befähigung für konzessionierte Gewerbe.
V. 13/5	1914	R. 106	betr. Abänderung einiger Bestimmungen der v. V.
V. 4/1	1918	R. 14	wie vorher.

Begünstigte Bauten

KV. 16/10	1914	R. 284	betr. die Ausnahmsbestimmungen für begünstigte Bauten während der Dauer der durch den Krieg hervorgerufenen außerordentlichen Verhältnisse.

Belastungen

s. Baukonstruktionen.

Beleuchtungsanlagen

E. 7/7	1913		M.f.öff.A. Z. 39 610-XII betr. Beleuchtungsanlagen für Ortschaften und Städte.

Benzin

s. Mineralöle.

Benzinmeßapparate

s. Eichung.

BergarbeiterG.

s. Arbeiterschutz.

Bergbau

s. auch Arbeiterschutz.

KP. 23/5	1854	R. 146	Allgemeines Berggesetz.
			s. auch Eisenbahnen.
G. 28/4	1862	R. 28	über die Aufhebung der Bergwerksfrohne.
G. 25/7	1871	R. 95	„ „ Einführung eines allgemeinen Grundbuches.
G. 3/5	1896	R. 75	„ „ Abänderung der §§ 206 und 248 des KP. 23/5 1854 R. 146.
G. 1/6	1920	B. 143	über die Einsetzung eines Bergbaubeirates.

G. 20/11 1921 B. 587	betr. die Erlassung von Betriebsvorschriften für Freischürfe.
G. 26/9 1923 B. 535	betr. die Verleihung von Grubenfeldern auf Kohle auf Grund von Bohrfunden (BohrfundG.).
V. 12/5 1925 B. 160	betr. das Ausmaß der Massen- und Freischurfgebühren.

Beton

s. Brücken, Hochbauten und Säulen.

Betriebsanlagen

s. gewerbliche Anlagen.

Betriebsräte

G. 15/5 1919 St. 283	betr. die Errichtung von Betriebsräten.
VA. 27/6 1919 St. 342	über die Wahl der Betriebsräte.
VA. 11/7 1919 St. 365	über die Geschäftsordnung und Geschäftsführung der Betriebsräte.
VA. 11/7 1919 St. 366	über die Geschäftsführung der Vertrauensmänner.
VA. 22/7 1919 St. 394	„ „ Revision der Gebarung der Betriebsräte.
G. 10/7 1920 B. 296	„ „ Wahl der Betriebsräte.

Bezirksstraßen

s. Straßen.

Binnenschiffahrt

s. auch Donau- und Schiffahrtspolizei.

V. 12/8 1921 B. 460	betr. das Sondergewerbeinspektorat für die Binnenschiffahrt.

Blei- und Zinkhütten

V. 22/7 1908 R. 180	betr. die Einrichtung und den Betrieb der nach dem allgemeinen Berggesetze errichteten Blei- und Zinkhütten.

Bleivergiftung

s. Arbeiterschutz.

Bodenreform

s. Agrarbehörden.

Bodenverbesserung

s. Meliorationen.

BohrfundG.

s. Bergbau.

Brücken

V. 28/8 1904 R. 97	betr. die Eisenbahnbrücken, Bahnüberbrückungen und Zufahrtsstraßen mit eisernen oder hölzernen Tragwerken.
E. 16/3 1906	M.d.I. Z. 49 898 ex 1905 Vorschriften über die Herstellung der Straßenbrücken mit eisernen oder hölzernen Tragwerken.
E. 22/12 1920	H.u.G.I.u.B. Z. 27 366-IXe Vorschrift über die Herstellung von Tragwerken aus Eisenbeton oder Beton bei Straßenbrücken.

Brückenordnung

s. Brücken.

Brunnenmeister

s. Baugewerbe. Gewerbeordnung.

Bundesbahnen

s. Eisenbahnen.

Bundesforste

G. 28/7 1925 B. 282	über die Bildung eines Wirtschaftskörpers „Österreichische Bundesforste“.

Bundesstraßen

s. Straßen.

Bundesvermessungswesen

s. Vermessungswesen.

Chloratit

E. 24/4	1915		M.d.I. Z. 16 690 betr. Sprengpulver Chloratit.

Dampfkessel

G. 7/7	1871	R. 112	betr. die Erprobung und periodische Untersuchung der Dampfkessel.
V. 1/10	1875	R. 130	und 131 betr. die Sicherheitsvorkehrungen gegen Dampfkesselexplosionen.
V. 20/7	1877	R. 78	womit einige Bestimmungen des v. G. abgeändert werden.
V. 9/3	1882	R. 32	womit die V. 1/10 1875 betr. die Sicherheitsvorkehrungen gegen Dampfkesselexplosionen erläutert und ergänzt werden.
V. 4/5	1883	R. 59	HM. mit welcher eine Bestimmung der V. 1/10 1875 R. 130, betr. die Sicherheitsvorkehrungen gegen Dampfkesselexplosionen, abgeändert wird.
V. 15/7	1891	R. 108	betr. den Nachweis der Befähigung zur Bedienung und Überwachung von Dampfkesseln sowie zur Bedienung (Führung, Wartung) von Dampfmaschinen, Lokomotiven und Dampfschiffmaschinen.
V. 8/6	1894	R. 108	betr. die Vornahme der Erprobung der Dampfkessel.
V. 5/2	1897	R. 50	mit welcher die V. 4/5 1883 abgeändert und ergänzt wird.
V. 26/3	1921	B. 210	betr. die Ergänzung der Bestimmungen über die Bedienung und Wartung von Dampfkesseln und Dampfmaschinen (H.u.G.I.u.B.).
V. 4/10	1922	B. 736	betr. die Änderung der Probedrücke für Dampfkessel (H.u.G.I.u.B.).
V. 27/2	1924	B. 59	über die Aufstellung von Dampfkesseln in Baulichkeiten.
E. 16/2	1925		H.u.V.Z. 112 359-6 betr. Dampfkesselböden.
K. 8/4	1925	B. 134	Abänderung der Prüfungsgebühren für Dampfbetriebswärter.
V. 12/9	1925	B. 353	betr. die Gebühren für Erprobungen und Untersuchungen von Dampfkesseln.
V. 15/7	1927	B. 227	betr. die Dampfkessel, Dampfgefäße, Druckbehälter und Wärmekraftmaschinen.

s. auch Artikel 48 des V. E. G. und Lokomotivkessel.

Dampfschiffahrt

V. 4/11	1855	R. 9	wodurch neue Bestimmungen über den Betrieb der Dampfschiffahrt auf den Landseen, Strömen und Flüssen mit Einschluß aller binnenländischen Grenzgewässer des österreichischen Kaiserstaates vorgeschrieben werden.

s. auch Binnenschiffahrt.

Denkmalschutz

G. 25/9	1923	B. 533	betr. Beschränkung in der Verfügung über Gegenstände von geschichtlicher, künstlerischer oder kultureller Bedeutung (DenkmalschutzG.).
V. 25/6	1924	B. 299	Dchfg. des v. G.

Destillierapparate

V. 7/5	1925	B. 157	über die Anzeige von Destillierapparaten.

Donau

s. auch Dampfschiffahrt, Schiffahrtspolizei und LG.

G. 7/11 1857 R. 13 ex 58 Donauschiffsakte zwischen Österreich, Bayern, der Türkei und Württemberg.

V. 29/1 1858 R. 22 über die Erlangung der österreichischen Legitimationen zur Flußschiffahrt oder Flößerei auf der Donau.

V. 26/6 1898 R. 126 womit eine Vorschrift über die Eichung der österreichischen hölzernen Ruderschiffe auf der Donau erlassen werden.

V. 4/11 1910 R. 201 Strompolizeiordnung.

G. 24/3 1920 St. 162 betr. die Fortführung der Donauregulierungsarbeiten in Österreich unter der Enns.

K. 6/7 1922 B. 706 Übereinkommen betr. das endgültige Donaustatut.

V. 31/10 1924 B. 402 betr. die Gebühr für die Eichung der Donaudampfschiffe.

V. 8/4 1926 B. 106 womit die V. 4/11 1910 R. 201 abgeändert wird.

V. 14/5 1927 B. 172 betr. die Erlassung einer Schiffahrtspolizeiordnung für die Donau (Sch. P. O.).

V. 14/5 1927 B. 173 betr. die Grundsätze für die Bezeichnung der Fahrrinne der Donau.

Donauregulierungsarbeiten

G. 16/12 1927 B. 371 über die Beendigung der Tätigkeit der Donauregulierungskommission, die Aufteilung des Donauregulierungsfondes und die künftige Durchführung von Donauregulierungsarbeiten.

Drainage

s. Meliorationen.

Durchleitung von Energie

17/12 1926 B. 44 Übereinkommen über die Durchleitung von elektrischer Energie.

Dynamit

s. Sprengstoffe.

Dynamon

E. 5/7 1910 M.d.I. Z. 24 158 Dynamon (NS. 5506).

Dynamon A

E. 4/1 1914 M.d.I. Z. 137 betr. Sprengpulver Dynamon A.

Dynamon M

E. 8/2 1915 M.d.I. Z. 4438 betr. Sprengpulver Dynamon M.

Ediktalverfahren

s. GO.

Eichung

V. 19/12 1872 R. 171 Eichordnung.

G. 31/3 1875 R. 43 betr. die Organisation der Eichbehörden.

G. 3/4 1875 R. 45 DchfgV. des v. G.

V. 8/8 1876 R. 107 womit nachträgliche Bestimmungen zum G. 19/12 1872 R. 171 veröffentlicht werden.

V. 28/3 1881 R. 30 betr. die Nacheichung der zum Messen und Wägen im öffentlichen Verkehr dienenden Maße, Gewichte und Wagen und sonstiger Meßapparate, dann der eichpflichtigen Fässer.

V. 13/8 1923 B. 495 womit V. 15/9 1875 R. 125 abgeändert wird (Aufsichtsbezirke).

V. 21/9	1923	B. 550	über die Auflösung der Normaleichungskommission und die Vereinfachung der Organisation des Eichwesens.
V. 30/11	1923	B. 603	betr. das Statut des Beirates für Maße und Gewichte.
K. 19/5	1924	B. 171	betr. die eichamtliche Behandlung von Faßkubizierapparaten mit Schwimmer, fester Skala und beweglichem Absehen.
V. 20/2	1925	B. 88	betr. allgemeine Vorschriften über die Zulässigkeitsbedingungen und die eichamtliche Behandlung von reinen Neigungswagen und Verbindungen von Neigungswagen mit anderen Wägeeinrichtungen.
V. 15/7	1925	B. 229	wie vorher.
V. 17/6	1925	B. 320	über die Gebühren im eichdienstlichen Ven betr. Maße und Wägemittel.
V. 31/10	1925	B. 400	betr. die Nacheichungsfrist und die Gebühr und die eichamtliche Behandlung mehrerer neuartiger Benzinmeßapparate.
V. 17/6	1925	B. 321	über die Gebühren im eichdienstlichen Verfahren betr. Elektrizitätszähler und Wasserverbrauchsmesser.
V. 26/1	1926	B. 33	Gebühren und Nacheichungsfristen für Zwillingsmeßgefäße für Benzin „L esentielle Type I und Type E“.
V. 21/5	1926	B. 129	wie vorher, jedoch „Shell-Floridsdorfer“.
V. 9/7	1926	B. 181	„ „ „ „Monobloc Arbox Type 0,2“.
V. 3/8	1926	B. 236	„ „ „ „Cservinka“.
V. 19/10	1926	B. 308	betr. die Voruntersuchung der Meß- und Wägemittel (Apparate) in bezug auf die Eichfähigkeit.
V. 27/1	1927	B. 40	wie V. 26/1 1926 B. 33 jedoch W. Dutz.
			s. auch Vermessungswesen.

Eichung von Schiffen

V. 26/6	1898	R. 126	womit Vorschriften über die Eichung der österreichischen hölzernen Ruderschiffe auf der Donau erlassen werden.

Eichwesen

s. Vermessungswesen.

Einigungsämter

G. 18/12	1919	St. 16	ex 1920 über die Errichtung von Einigungsämtern und über kollektive Arbeitsverträge.

Eisenbahnbrücken

s. Brücken.

Eisenbahnbücher

G. 19/5	1874	R. 70	betr. die Anlegung von Eisenbahnbüchern.
V. 31/5	1874	R. 87	Bestimmung über die Anlegung und Führung von Eisenbahnbüchern.
			s. auch Artikel 55 des V.E.G.

Eisenbahnen

KV. 16/11	1851	R. 1	ex 1852, mit welcher eine Eisenbahnbetriebsordnung für alle Kronländer erlassen wird.
V. 14/9	1854	R. 238	betr. die Erteilung von Konzessionen für Privateisenbahnen.
V. 2/1	1859	R. 25	betr. die Verhütung und Beseitigung von Kollisionen zwischen Bergbau- und Eisenbahnunternehmungen und den hieraus entspringenden Gefahren für die Sicherheit des Lebens und des Eigentums.
V. 1/11	1859	R. 200	über die Behandlung der zum Bergbaubetrieb notwendigen Privateisenbahnen mit Bezug auf das Expropriationsrecht, dann über die Erteilung der erforderlichen Baubewilligung.

G.	5/3	1869	R. 27	betr. die Haftung der Eisenbahnunternehmungen für die durch Ereignungen auf Eisenbahnen herbeigeführten körperlichen Verletzungen oder Tötungen von Menschen.
G.	18/2	1878	R. 30	betr. die Enteignung zum Zwecke der Herstellung und des Betriebes von Eisenbahnen.
V.	25/1	1879	R. 19	betr. die Verfassung der auf Eisenbahnen bezüglichen Projekte und die damit im Zusammenhang stehenden Amtshandlungen.
V.	29/5	1880	R. 57	womit in teilweiser Abänderung der v. V. Erleichterungen hinsichtlich der Verfassung und kommissionellen Behandlung der Projekte für Lokal- und Schleppbahnen eingeführt werden.
V.	1/7	1880	R. 79	betr. die Regelung des Transportes explodierbarer Artikel auf Eisenbahnen.
G.	17/6	1887	R. 81	womit Bestimmungen für die Anlage und den Betrieb von Lokalbahnen getroffen werden.
G.	31/12	1894	R. 2	ex 1895 über Bahnen niederer Ordnung.
E.	19/3	1897		E.M. Z. 1375 betr. Eisenbahnniveauübergänge.
G.	12/7	1902	R. 147	betr. die Haftpflicht der Eisenbahnen.
G.	8/8	1910	R. 149	über Bahnen niederer Ordnung (Lokalbahnen und Kleinbahnen).
G.	23/7	1920	St. 359	betr. die Einführung der elektrischen Zugförderungen auf den Staatsbahnen der Republik Österreich.
V.	11/3	1921	B. 182	Abänderung der Bezeichnung „Österreichische Staatsbahnen" in „Österreichische Bundesbahnen".
V.	23/8	1922	B. 662	M.f.V. betr. das Verfahren bei Genehmigung von Um- oder Zubauten geringerer Bedeutung auf im Bau oder Betrieb stehenden Eisenbahnen und von Verlegungen von Haltestellen an Straßenbahnen.
G.	19/7	1923	B. 407	über die Bildung eines Wirtschaftskörpers „Österreichische Bundesbahnen" (BundesbahnG.).
V.	8/11	1923	B. 584	betr. die Autorisation technischer Fachorgane der Unternehmung „Österreichische Bundesbahnen" zur fachtechnischen Überprüfung von Entwürfen für bauliche und sonstige Herstellungen und ihre vorschriftsmäßige Ausführung (AutorisationsV.). s. auch Artikel 53 des V.E.G.
V.	7/2	1924	B. 54	H.u.V. betr. Vereinfachung des Verfahrens bei Eisenbahnbauten und Bauten auf Bahngrund der Unternehmung „Österreichische Bundesbahnen" (BundesbahnbauV).

Eisenbahnzufahrtsstraßen

s. LG.

Eisenbeton

s. Beton.

Elektrische Energie

VA.	6/12	1919	St. 551	betr. die Regelung der Preise für Gas und elektrische Energie bei wesentlich geänderten Gestehungskosten.
V.	9/2	1926	B. 41	Abänderung der v. VA.
V.	18/12	1926	B. 377	„ „ v. V.

Elektrizitätsanlagen

V.	11/5	1922	B. 289	über das konzessionierte Gewerbe der Herstellung elektrischer Starkstromanlagen (H.u.G.I.u.B.).

V. 26/7 1922 B. 570 über das konzessionierte Gewerbe des Betriebes von Anlagen zur Erzeugung und Leitung von Elektrizität.
G. 3/3 1925 B. 149 ElektrizitätsförderungsG.
V. 8/4 1925 B. 154 DurchführungsV. zum v. G.
s. auch Starkstrom, Wasserkraftförderung, Luftschifferkarten.

ElektrizitätswegeG.
G. 7/6 1922 B. 348 betr. elektrische Anlagen.
G. 10/7 1924 B. 263 TelegraphenG. (Abänderung des § 32 des v. G.).

Elektrizitätszähler
K. 4/10 1901 R. 164 betr. die nähere Beschreibung (samt Zeichnung) der Wassermesser Type XXXIV und der Elektrizitätszählertypen XIII, XIV, XIV a, XVI.
V. 4/7 1900 R. 175 und 176 betr. die eichamtliche Prüfung und Beglaubigung von Wasserverbrauchmessern.

Elektrolokomotivführer
V. 11/25 1926 B. 30 ElektrolokomotivführerV.

Elektrotechniker
s. Elektrizitätsanlagen.

Enteignung
G. 21/4 1918 B. 161 betr. die Gewinnung phosphorsäurehaltiger, für Düngungszwecke verwendbarer Stoffe.
s. auch Artikel 13 und 52 des V.E.G., ferner Abtorfung, Eisenbahnen, ElektrizitätswegeG., Straßen, Wasserrecht.

Erdgas und Erdöl
s. Mineralöl und
G. 7/7 1922 B. 446 betr. die Abänderung des § 3 des allgemeinen BergG. 23/5 1854 R. 146 und die Gewinnung von Erdöl und Erdgas (Erdöl- und ErdgasG.).

Erfindungen
V. 15/9 1898 R. 162 betr. die gewerbsmäßige Ausübung von Erfindungen.
s. auch Patent, Musterschutz, Markenschutz.

Expropriation
s. Eisenbahnen, ElektrizitätswegeG., Straßen, Wasserrecht.

Fabriksbauten
s. Gewerbliche Anlagen und Bauordnungen.

Fabriksmäßigkeit eines Gewerbebetriebes
s. Gewerbliche Anlagen.

Faßkubizierapparate
s. Eichung.

Fernsprechwesen
s. Telegraphenwesen.

Feuerpolizei
s. LG.

Feuerrayon
V. 25/1 1879 R. 19 s. Eisenbahnen, Gewerbliche Anlagen und

Feuersichere Herstellungen bei Eisenbahnen
28/12 1843 Hfd. Z. 40114/1665 betr. den Feuerrayon bei Eisenbahnen.
E. 30/11 1903 EM. Z. 51267 über die künftige Erhaltung der feuersicheren Herstellungen (NS. 5490).

E. 15/1 1905 — M.d.I. Z. 1161 über zwangsweise Durchführung der feuersicheren Herstellungen (NS. 5490).

Fideikommisse

G. 13/6 1868 R. 61 betr. die Bewilligung zur Errichtung und zur Verschuldung von Fideikommissen.

G. 27/3 1918 R. 117 über eine Ergänzung der Bestimmungen, betr. die Veräußerung von Fideikommißgrundstücken.

Firmenbezeichnung

G. 21/12 1923 B. 634 betr. Abänderung der Bestimmung der Gewerbeordnung über äußere Bezeichnung und Namensführung.

Fischerei

G. 25/4 1885 R. 58 betr. die Regelung der Fischerei in den Binnengewässern.
s. auch LG.

Fliegende Brücken

s. Überfuhren.

Flußaufsicht

s. LG.

Flüssige Luft

s. Sprengstoffe.

Flußbau

s. Allg. Bgl.G.Buch, IV. Hauptstück, § 407 bis 413.

Flußregulierungen

s. Wasserrecht.

Forstwesen

KP. 3/12 1852 R. 250 ForstG.
s. auch Bundesforste und LG.

Fortbildungsschule

G. 26/9 1923 B. 544 wirksam für das Land Wien, womit das FortbildungsschulG. für Niederösterreich abgeändert wird.

Freischurf

s. Bergbau.

Friedensvertrag

s. Staatsvertrag.

Friedhöfe

Friedhofanlagen

s. LG.

Fuhrwerksbezeichnung

s. LG.

Funkenflug

s. Gewerbliche Anlagen.

Funkentelegraphie

V. 7/1 1910 R. 11 betr. Funkentelegraphenanlagen.

Funkspruch

s. TelegraphenG.

Garagen

s. LG. unter Bauordnungen.

Gas (Gestehungskosten)

s. elektrische Energie.

Gasbehälter

E. 22/7 1910 M.f.öff.A. Z. 70-XII Erprobung von Gasbehältern (NS.6471).

Gaserzeugung	
E. 2/12 1903	M.d.I. Z. 33 991 Gaserzeugung in Sauggeneratorgasanlagen (NS. 5568).
Gasleitungen	und
Gasregulativ	
V. 18/7 1906 R. 176	mit welcher Vorschriften für die Herstellung, Benützung und Instandhaltung von Anlagen zur Verteilung und Verwendung brennbarer Gase erlassen werden.
Gebirgswässer	s. Wildbachverbauung.
Gemeinwirtschaftliche Unternehmungen	s. Unternehmungen.
Geometer	s. Ziviltechniker.
Gerbereiabwässer	
E. 29/12 1910	M.f.öff.A. Z. 34 716/6011 (NS. 6655).
Gewerbegenossenschaft	
G. 27/3 1923 B. 215	betr. die Ergänzung der Bestimmungen der Gewerbeordnung über Genossenschaftsverbände.
V. 31/5 1923 B. 296	über die Festsetzung und Einhebung von Mindestbeiträgen durch gewerbliche Genossenschaftspflichtverbände höherer Ordnung.
Gewerbegerichte	
G. 5/4 1922 B. 229	über die Gewerbegerichte.
G. 17/7 1922 B. 532	Entlastungsnovelle.
V. 3/10 1922 B. 737	über die Ernennung der Beisitzer und Beisitzerstellvertreter der Gewerbegerichte und der gewerbegerichtlichen Berufungssenate (GewerbegerichtsbeisitzerV.).
V. 6/10 1922 B. 747	über die örtliche Zuständigkeit, die Zahl der Beisitzer und die Gruppeneinteilung der Unternehmungen und Betriebe des Gewerbegerichtes in Wien.
V. 14/10 1922 B. 803	über die Geschäftsordnung der Gewerbegerichte.
G. 4/6 1925 B. 183	V. Gerichtsentlastungsnovelle.
Gewerbeinspektoren	
G. 14/7 1921 B. 402	über die Gewerbeinspektion.
V. 12/8 1921 B. 459	über die Aufsichtsbezirke der Gewerbeinspektion.
	s. auch Binnenschiffahrt.
Gewerbeordnung	
KP. 20/12 1859 R. 227	betr. die Gewerbeordnung.
G. 5/2 1907 R. 26	„ „ Abänderung und Ergänzung der Gewerbeordnung.
V. 6/8 1907 R. 196	„ „ „ „ „ „ „ hinsichtlich der zum Antritt bestimmter konzessionierter Gewerbe erforderlichen Nachweise der besonderen Befähigung.
MK. 16/8 1907 R. 199	Text der Gewerbeordnung.
G. 21/4 1913 R. 74	betr. die Abänderung und Ergänzung des § 74 der Gewerbeordnung.
G. 3/12 1917 R. 475	betr. die Abänderung und Ergänzung der §§ 94 und 121 der Gewerbeordnung.

G. 11/7 1922 B. 451 über die Einführung einer Entschädigung für Lehrlinge (GO.Novelle 1925).

V. 28/2 1922 B. 129 über die Bindung des Rechtes zur Lehrlingshaltung an die Voraussetzung der mit Erfolg abgelegten Meisterprüfung.

G. 13/12 1922 B. 885 betr. eine Abänderung der Gewerbeordnung.

V. 21/12 1923 B. 634 „ die „ der Bestimmungen der Gewerbeordnung über äußere Bezeichnung und Namensführung.

G. 19/11 1925 B. 414 betr. die Ergänzung des § 55, Absatz 3, der Gewerbeordnung.

G. 26/3 1926 B. 74 über die Weiterverwendung von ausgelernten Lehrlingen (Gewerbeordnungsnovelle 1926).

V. 9/7 1927 B. 223 über den Befähigungsnachweis für das konzessionierte Gewerbe der Ausführung von Gasrohrleitungen, Beleuchtungseinrichtungen und Wasserleitungen. s. auch Artikel 43 des V.E.G.

Gewerbliche Anlagen

E. 18/7 1883 HM. Z. 22 037 über die Fabriksmäßigkeit eines Gewerbebetriebes (NS. 1566).

E. 7/5 1903 M.d.I. Z. 19 185 Vorkehrungen gegen Funkenflug bei Betriebsanlagen (NS. 5613).

E. 14/12 1906 HM. Z. 24 061 betr. das Verfahren bei Genehmigung von gewerblichen Betriebsanlagen samt Beilage.

E. 12/1 1909 HM. Z. 22 329 ex 1908 betr. die Errichtung von Gewerbebetriebsanlagen im Feuerrayon der Eisenbahnen (NS. 6667).

E. 21/11 1922 M.d.I. Z. 371 571 Technische Anleitung für die gewerbepolizeiliche Prüfung von Projekten für die Errichtung oder Erhöhung der einen Bestandteil gewerblicher Betriebsanlagen bildenden, gemauerten hohen Schornsteine.

Gewerblicher Rechtsschutz

G. 20/2 1924 B. 56 über die Wiedereinsetzung in den vorigen Stand auf dem Gebiet des Gewerblichen Rechtsschutzes.

s. auch Muster- und Modellschutz.

Gewichte

s. Maße.

Gleislose Bahnen

V. 13/3 1923 B. 143 betr. gleislose Bahnen.

Grundbuch

G. 25/7 1871 R. 95 u. 96 über die Einführung eines allgemeinen Grundbuches.

G. 11/5 1894 R. 126 betr. die grundbücherliche Abtrennung von Grundstücken zu Zwecken öffentlicher Straßen und Wege, ferner zu Zwecken einer im öffentlichen Interesse unternommenen Anlage behufs Leitung oder Abwehr eines Gewässers.

KV. 1/6 1914 R. 116 Parzellenteilungsnovelle.

V. 2/12 1914 R. 340 über die Verfassung von Plänen für Parzellenteilungen im Grundbuch.

V. 26/3 1916 R. 87 über die gerichtliche Hinterlegung von Urkunden zum Erwerbe dinglicher Rechte an nicht verbücherten Liegenschaften und Bauwerken.

G. 17/3 1921 B. 230 StraßenbauverbücherungsG.

V. 19/1 1926 B. 31 betr. die Herstellung der Grundbuchsordnung in einigen Gemeinden des Burgenlandes.

Grundsteuerkataster

		s. auch Katastralumschreibgebühren
G. 24/5	1869 R. 88	Über die Regelung der Grundsteuer.
G. 23/5	1883 R. 83	„ „ Evidenzhaltung des Grundsteuerkatasters.
G. 25/1	1921 B. 86	betr. Abänderung des G. 23/5 1883 R. 83.
V. 18/2	1921 B. 129	DchfgsV. zum v. G.

Grundstücke, Zusammenlegung oder Teilung

s. Agrarische Operationen und Grundbuch.

Grundverkehr

G. 19/2	1873 R. 32	betr. die Erwerbung von durch Wasserregulierungsbauten gewonnenen Grund und Boden.
G. 13/12	1919 St. 583	über die Veräußerung land- u. forstwirtschaftlicher Grundstücke (GrundverkehrsG.).
G. 23/6	1921 B. 346	über die Änderung des v. G.

Haftpflicht

s. Eisenbahnen und Automobile.

Harzgewinnung

s. LG.

Hausbesorger

G. 13/12	1922 B. 878	HausbesorgerV. (betr. den Dienstvertrag der Hausbesorger).

Hausklassensteuer

s. LG. unter Landesgebäudesteuern.

Hausverwalter

s. Privatgeschäftsvermittlung.

Heilanstalten

s. LG. unter Krankenhausbauten.

Heizvorrichtungen

V. 28/12	1896 R. 4	ex 1897 betr. das Verbot der Verwendung irrespirable Gase entwickelnder Heizvorrichtungen ohne Vorkehrungen zur unschädlichen Abfuhr der Verbrennungsgase in geschlossenen, zum Aufenthalt von Menschen dienenden Räumen.

Hochbauten

		Unfallverhütung bei Hochbauten s. Arbeiterschutz.
E.	1921	M.f.H.u.G.I.u.B. Z. 19200/IX e. V. über die Herstellung von Tragwerken aus Eisenbeton oder Beton bei Hochbauten.

Holzlagerplätze

E. 3/9	1883	M.d.I. Z. 14168 (NS. 1835).

Hydrographischer Dienst

	1894	Organisationsstatut des hydrographischen Dienstes in Österreich ad M.d.I. Z. 31339.

Ingenieurkammern

G. 2/1	1913 R. 3	betr. die Errichtung von Ingenieurkammern. DchfgsBestimmungen s. LG.
V. 14/5	1913 R. 21	Dchfg.V. zum v. G.
		s. auch Artikel 49 des V.E.G.

Ingenieurtitel

KV. 14/3 1917	R. 130	womit die Berechtigung zur Führung der Standesbezeichnung „Ingenieur" festgelegt wird.
MK. 26/3 1917	R. 133	betr. die Einbringung von Gesuchen um Berechtigung zur Führung der Standesbezeichnung „Ingenieur".

Inlandsarbeiterschutz

G. 19/12 1925	B. 457	InlandsarbeiterschutzG.
V. 31/12 1925	B. 10	ex 26 DchfgsV. zum v. G.
V 18/3 1926	B. 83	Ausnahmen zum v. G.
V. 29/9 1926	B. 290	DchfgsV. zum v. G.

Installateure

V. 4/1 1918	R. 14	HM. betr. die Abänderung einiger Bestimmungen des P. 8. der MV. 6/8 1909 R. 196.

InvalidenbeschäftigungsG.

G. 1/10 1920	St. 459	über die Einstellung und Beschäftigung Kriegsbeschädigter.
G. 19/12 1924	B. 457	Verlängerung der Geltungsdauer und Abänderung des v. G.
G. 23/12 1926	B. 386	wie vorher.
G. 17/12 1927	B. 363	Verlängerung der Geltungsdauer des v. G.
V. 23/12 1927	B. 388	X. Dchfg.V.

Investitionen

G. 26/3 1926	B. 75	InvestitionenbegünstigungsG.
G. 17/12 1927	B. 366	„ v. J. 1928.

Kalksandsteinziegel

E. 14/3 1914		M.f.öff.A. Z. 7590-VIII, betr. die Zulassung der Kalksandsteinziegel zu ärarischen Bauten.

Kanaleinmündungsgebühren

G. 8/6 1923	B. 315	Über die Abänderung einer Bestimmung des AbgabenteilungsG. 3/3 1922 B. 125. s. auch LG.

Karat

s. Maße und Gewichte.

Karbid

s. Azetylen.

Katastralumschreibgebühren

V. 18/11 1922	B. 826	H.u.G.I.u.B. betr. die Abänderung der Vermessungs- und Katastralumschreibungsgebühren.
V. 14/4 1924	B. 140	wie vor.

Katonasystem

s. LG.

Kessel

s. Dampfkessel, Lokomotivkessel.

Kino

V. 18/9 1912	R. 191	betr. die Veranstaltung öffentlicher Schaustellungen mittels eines Kinematographen.
V. 8/6 1916	R. 172	womit die v. V. ergänzt wird. s. auch LG.

Kleinwohnungen

G. 22/12 1910	R. 242	Wohnungsfürsorgefonds.
G. 28/12 1911	R. 242	betr. Steuerbegünstigungen für Neubauten, Zubauten, Aufbauten und Umbauten im allgemeinen und für Kleinwohnungen insbesondere.

V. 28/6 1912	R. 162	DchfgV. zum v. G.
E. 15/7 1914		M.f.öff.A. Z. 30 660-III betr. die Lokalerhebungen anläßlich der Feststellung der Voraussetzungen für die Steuerbegünstigung nach dem v. G.
E. 15/9 1915		M.f.öff.A. Z. 6583-III wie vorher.
G. 15/4 1921	B. 252	betr. die Ausgestaltung des staatlichen Wohnungsfürsorgefonds zu einem Bundes-Wohn- und Siedlungsfonds.

Kochapparate

V. 17/12 1860	R. 273	rücksichtlich der zu beobachtenden Sicherheitsmaßregeln gegen die Gefahr der Explosion der mit einem hermetisch verschließbaren Deckel versehenen Kochapparate oder Kessel.

Kollektivverträge

s. Einigungsämter und

K. 1/2 1922	B. 68	betr. die Geltung gewisser internationaler Kollektivverträge.

Kommassierung

s. Agrarische Operationen.

Konzession

s. GO.

Kraftfahrzeuge

s. Automobil.

Krankenhausbauten

s. LG.

Krankenkasse

und

Krankenversicherung der Arbeiter

G. 30/3 1888	R. 33	betr. die Krankenversicherung der Arbeiter.
V. 20/11 1922	B. 859	betr. den Text des G. über die Krankenversicherung der Arbeiter.
G. 18/3 1925	B. 113	XXII. Novelle zum v. G.
G. 28/12 1926	B. 15	ex 27.
K. 8/1 1927	B. 21	Druckfehlerberichtigung.

Kriegsgräber

G. 2/7 1925	B. 257	betr. die Beanspruchung von Grundeigentum für die Kriegsgräberfürsorge.

Kunst- und historische Denkmäler

s. Denkmalschutz.

Land- und forstwirtschaftliche Versuchsanstalt.

K. 21/5 1891	R. 65	betr. das land- und forstwirtschaftliche Versuchswesen in Österreich.
K. 29/9 1895	R. 150	betr. das Statut der k. k. Samen-Kontrollstation in Wien.
K. 31/10 1901	R. 181	betr. die Errichtung einer landwirtschaftlich-bakteriologischen und Pflanzenschutzstation in Wien.
VA. 4/9 1920	St. 421	betr. die Änderung des bisherigen Titels der staatlichen land- und forstwirtschaftlichen Versuchsanstalt.

Landesgebäudesteuer

s. LG.

Landwirtschaftlicher Maschinenbetrieb
s. LG.

Lastkraftwagen
s. Automobil.

Laufbilder
s. Kino.

Lehrlinge
G. 20/3 1926 B. 74 über die Weiterverwendung ausgelernter Lehrlinge.
s. auch GO.

Lieferungen und Arbeiten
s. Staatliche Lieferungen und Arbeiten.

Liegenschaften
G. 6/2 1869 R. 18 betr. die Rechte und das Verfahren bei der grundbücherlichen Zerteilung einer Liegenschaft.
V. 26/3 1916 R. 87 über die gerichtliche Hinterlegung von Urkunden zum Erwerbe dinglicher Rechte an nicht verbücherte Liegenschaften und Bauwerken.

Lift
s. LG.

Lohnlisten
G. 8/2 1909 R. 29 womit einige Ergänzungen des G., betr. die Unfallversicherung, und der Krankenversicherung der Arbeiter getroffen werden.

Lokalbahnen
s. Eisenbahnen.

Lokomotivkessel
V. 27/1 1909 R. 27 betr. die Änderung des Probedruckes bei Lokomotivkesseln.
V. 31/5 1923 B. 297 betr. Druckproben bei Lokomotivdampfkesseln.
s. auch Dampfkessel.

Luft (flüssige)
s. Sprengmittel.

Luftschiffahrt
G. 10/12 1919 St. 578 betr. die vorläufige Regelung der Luftschiffahrt.
V. 1/6 1927 B. 235 betr. das Verbot des Überfliegens bestimmter Teile des Bundesgebietes.
s. auch Artikel 58 des V.E.G.

Luftschifferkarten
E. 26/2 1910 M.f.öff.A. Z. 26/4-VI betr. die Einzeichnung von Elektrizitätswerken und Starkstromanlagen bei Luftschifferkarten (NS. 6839).

Markenschutz
G. 6/1 1890 R. 19 betr. den Markenschutz.
G. 30/7 1895 R. 108 womit das v. G. ergänzt bzw. abgeändert wird.
G. 31/12 1908 R. 266 Vereinbarung in betreff der Internationalen Union zum Schutze des gewerblichen Eigentums und der internationalen Markenregistrierung.
V. 29/12 1908 R. 268 womit aus Anlaß des Beitrittes zur Internationalen Union zum Schutze des gewerblichen Eigentums Dchfg.Bestimmungen getroffen werden.
24/4 1913 R. 64 Washingtoner Vertrag vom 2/6 1911, betr. die Internationale Union zum Schutze des gewerblichen Eigentums und der internationalen Markenregistrierung.

G.	17/3	1913	R.	65	womit v. G. abgeändert wird.
V.	22/4	1913	R.	66	betr. die internationale Markenregistrierung.
V.	13/10	1916	R.	354	womit eine Bestimmung der v. V. abgeändert wird.
V.	12/7	1923	B.	392	über Vereinfachung der behördlichen Einrichtungen und des Verfahrens auf dem Gebiete des gewerblichen Rechtsschutzes.
G.	27/1	1925	B.	67	über den Prioritätsschutz für Erfindungen, Muster und Marken auf Ausstellungen.
V.	23/2	1925	B.	75	Dchfg.V. des v. G.
V.	31/7	1927	B.	253	betr. die Abänderung von Bestimmungen über die Erfordernisse von Patentanmeldungen und über die Prioritätsbelege bei Patent-, Muster- und Markenanmeldungen.

Maß- und Gewichtsordnung

G.	23/7	1871	R.	16	ex 72, womit eine neue Maß- und Gewichtsordnung festgestellt wird.
G.	24/3	1876	R.	50	womit einige Bestimmungen des v. G. abgeändert werden.
G.	12/1	1893	R.	10	„ „ „ „ G. 23/7 1871 R. 16 abgeändert werden.
G.	26/1	1918	R.	46	betr. das metrische Karat.
V.	7/2	1918	R.	47	„ „ „ „
G.	20/1	1927	B.	62	über die Abänderung des G. 23/7 1871 R. 16 ex 72.
					s. auch Art. 46 des V.E.G.

Maß- und Wägeanstalten

G.	19/6	1866	R.	85	über die Errichtung öffentlicher Wäge- und Meßanstalten.
V.	12/10	1876	R.	126	Ausführungsvorschrift zum v. G.
V.	8/1	1921	B.	58	Prüfungstaxen für Kandidaten.

Materialbahnen

s. Eisenbahnen.

Materialprüfungswesen

G.	9/9	1910	R.	185	betr. das Untersuchungs-, Erprobungs- und Materialprüfungswesen.

Maurerberechtigung

V.	23/8	1924	B.	324	über den Umfang der auf Grund des § 6 der V. des kgl. ung. A.G.u.H.M. vom 30/10 1884 Z. 46 188 und auf Grund der diesen Paragraphen ersetzenden ung. Vorschriften erworbenen Maurer-, Zimmer- und Steinmetzberechtigungen.
V.	26/5	1926	B.	147	über den Umfang der sogenannten kleinen Maurer-, Zimmer- und Steimetzberechtigungen im Burgenland.

Maurermeister

s. Baugewerbe, und vorher.

Meisterprüfung

s. GO.

Meliorationen

G.	30/6	1884	R.	116	betr. die Förderung der Landeskultur auf dem Gebiete des Wasserbaues (MeliorationsG.).
V.	18/12	1885	R.	1	ex 1886 betr. die Instruierung der technischen Projekte für die Unternehmungen, welche aus dem staatlichen Meliorationsfonds unterstützt werden sollen.
G.	4/1	1909	R.	4	womit der Abschnitt I des MeliorationsG. abgeändert wird.
V.	22/12	1924	B.	32	ex 25, betr. die Stempel- und Gebührenfreiheit von Meliorationsunternehmungen.

Metrisches System

8/11 1926	B. 46	ex 1927 Internationales Übereinkommen wegen Abänderung 1. der zur internationalen Vereinheitlichung und Vereinfachung des metrischen Systems in Paris am 20/5 1875 unterzeichneten Konvention, 2. des dieser Konvention beigefügten Reglements.

Mieterschutz

G. 7/12 1922	B. 872	MietenG.
V. 16/12 1922	B. 897	Mietkommission.
G. 30/7 1925	B. 303	MietenG.Novelle.

Mineralöle

V. 23/1 1901	R. 12	betr. den Verkehr mit Mineralölen.
V. 24/8 1912	R. 179	womit eine Bestimmung des § 15 der v. V. abgeändert wird.
V. 23/10 1910	R. 62	mit welcher das Gewerbe der Verarbeitung von Erdöl und das Gewerbe des Vertriebes von Petroleum mittels Tankwagen an eine Konzession gebunden wird.

Modellschutz

s. Markenschutz.

Motorschiffahrt

s. LG.

Motorpflüge

V. 31/5 1918	R. 188	mit welcher V. 28/4 1910 R. 81 abgeändert wird.

Musterschutz

KP. 7/12 1858	R. 237	zum Schutze der Muster und Modelle für Industrieerzeugnisse.
G. 23/5 1865	R. 35	betr. die Abänderung der §§ 4 und 6 des v. KP.

Nacheichung

s. Eichung.

Nachtarbeit

G. 14/5 1919	St. 281	über das Verbot der Nachtarbeit der Frauen und Jugendlichen in gewerblichen Betrieben. s. auch Arbeiterschutz.

Naphthabuch

s. Bergbuch.

Neigungswagen

s. Eichung.

Neubauten

s. BautenbegünstigungsG.

Normaleichungskommission

s. Eichung.

Normalprofile

E. 5/7 1915		M.f.öff.A. Z. 35 122-IX c Normalprofile bei Trägertypen.

Notwegerecht

G. 7/7 1896	R. 140	betr. die Einräumung von Notwegen.
G. 9/1 1913	R. 7	womit der § 1 des v. G. abgeändert wird.

Parzellierungen				
				s. Grundbuch.
Patentamt				
V.	15/9	1898	R. 157	betr. die Organisation des Patentamtes.
V.	31/1	1923	R. 71	womit eine Bestimmung der Geschäftsordnung des Patentamtes abgeändert wird.
V.	18/7	1923	B. 398	womit einige Bestimmungen der v. V. abgeändert werden.
V.	18/7	1923	B. 399	" " " " " " " "
V.	30/12	1924	B. 10	ex 25 womit einige Bestimmungen über die Organisation des Patentamtes abgeändert werden.
V.	22/8	1925	B. 324	betr. die Abänderung und Ergänzung von Bestimmungen über die Organisation des Patentamtes.
G.	22/8	1925	B. 325	womit die Geschäftsordnung für das Patentamt erlassen wird.
Patentanmeldungen				
V.	22/8	1925	B. 326	über die Erfordernisse von Patentanmeldungen (AnmeldungsV.).
				s. auch Markenschutz.
Patentanwälte				
G.	16/7	1925	B. 244	über die Vertretungsbefugnis der Patentanwälte und über das Verbot der Winkelschreiberei auf dem Gebiete des gewerblichen Rechtsschutzes.
V.	25/9	1925	B. 248	betr. die Aufhebung von Bestimmungen über die berufsmäßige Vertretung von Parteien in Patentangelegenheiten.
V.	22/8	1925	B. 326	AnmeldungsV.
V.	22/8	1925	B. 327	betr. die Abänderung von Bestimmungen über die berufsmäßige Vertretung von Parteien in Patentangelegenheiten durch Patentanwälte und Ziviltechniker.
Patentgebühren				
V.	11/3	1925	B. 100	über die Erhöhung der Gebühren auf dem Gebiete des gewerblichen Rechtsschutzes.
V.	8/7	1925	B. 222	über das Ausmaß der Jahresgebühr für das 16., 17. und 18. Jahr der Patentdauer.
Patentgerichtshof				
V.	15/9	1898	R. 158	betr. die Organisation des Patentgerichtshofes.
V.	12/10	1925	B. 386	betr. den Patentgerichtshof.
V.	12/10	1925	B. 387	womit die Geschäftsordnung für den Patentgerichtshof verlautbart wird.
Patentgesetz				
G.	11/1	1897	R. 30	betr. den Schutz von Erfindungen.
V.	15/9	1898	R. 156	womit v. G. in Wirksamkeit gesetzt wird.
G.	2/7	1925	B. 219	über die Abänderung und Ergänzung der Bestimmungen des v. G. (PatentG.Novelle 1925).
V.	23/9	1925	B. 366	betr. die Verlautbarung des Wortlautes des PatentG.
Pensionsversicherung der Privatangestellten				
G.	16/12	1906	R. 1	ex 1907, betr. die Pensionsversicherung der in privaten Diensten und einiger in öffentlichen Diensten Angestellten.
KV.	25/6	1914	R. 138	Abänderung des v. G.
G.	23/7	1920	St. 370	betr. die Pensionsversicherung der Angestellten sowie Dchfg.V. St. 457/1920; B. 122/1921; B. 233/1921 usw.
G.	20/11	1923	B. 609	betr. die Abänderung des PensionsversicherungsG. (PensionsversicherungsüberleitungsG.).

G. 27/3 1924 B. 92 II. PensionsversicherungsüberleitungsG.
G. 4/7 1924 B. 217 III. „ „
G. 19/12 1924 B. 458 IV. „ „
V. 25/5 1926 B. 24 betr. die Regelung der Beiträge bei der Pensionsanstalt für Angestellte.
V. 24/9 1926 B. 283 wie vorher.

Petroleum
s. Mineralöle.

Phosphor
G. 13/7 1909 R. 119 betr. die Herstellung von Zündhölzchen und anderen Zündwaren.
K. 16/9 1921 B. 519 betr. den Beitritt der Republik Österreich zum Berner Übereinkommen zur Unterdrückung der Verwendung von weißem Phosphor.

PrivatangestelltenG.
s. a. V.E.G.
G. 11/5 1921 B. 292 Über den Dienstvertrag der Privatangestellten (AngestelltenG.).

Privatgeschäftsverkehr
V. 18/5 1926 B. 128 über die Privatgeschäftsvermittlung.

Pulver
KP. 21/3 1853 R. 90 und 91 betr. die Aufhebung des Salpetermonopols bei Aufrechterhaltung des Pulvermonopols.
V. 17/5 1891 R. 62 mit welcher Bestimmungen über den Pulververschleiß erlassen werden.
E. 14/7 1891 K.M. Abt. 7 N. 2563 betr. die Direktiven über den Pulververschleiß.
V. 4/5 1899 R. 80 betr. eine Abänderung der V. 17/5 1891 R. 62.
V. 19/5 1899 R. 96 betr. den Verkehr mit Sicherheitssprengpräparaten, welche dem Pulvermonopol unterliegen.

Pulvermagazine
28/4 1848 Hfd. Z. 12 242 Pol. G.Sammlung, 76. Band, Seite 159, betr. die Errichtung von Pulvermagazinen.
E. 4/6 1892 M.d.I. Z. 13 262 betr. die Kompetenz und das Verfahren bei Pulverwerksanlagen (NS. 3047).

Radio
s. TelegraphenG.

Rauchtheater
s. LG. unter Theater.

Raupenschlepper
M.f.H.u.V. 1926.

Realitätenverkehr
s. Privatgeschäftsvermittlung.

Reichsstraßenbrücken
s. Brücken.

Reichsstraßengrundbenützung
E. 10/2 1903 E.M. Z. 47 956 ex 1902 Benutzung der Reichsstraßen für Anlage elektrischer Straßenbahnen (NS. 5952).
E. 29/1 1912 M.d.I. Z. 18 165.
E. 10/7 1916 M.f.öff.A. Z. 7449-I.

Reichsstraßenverwaltung	
E. 11/5 1903	M.d.I. Z. 10 931 Anleitung zur Herstellung und Erhaltung der Schotterfahrbahn der Reichsstraßen (NS. 5963).
E. 21/1 1904	M.d.I. Z. 54 530 ex 1903 Walzungsarbeiten.
E. 21/1 1912	M.f.öff.A. Z. 453-IX d ex 1911 Dchfg. der Kreuzsperre und halbseitige Walzung.
Rohöllager	
E. 4/12 1908	HM. 35 607 betr. die gewerbebehördliche Genehmigung der Rohöllager für Feuerungs- und Heizzwecke (NS. 7045).
Ruderfahrzeuge	
	s. GO. § 15.
Rundspruch	
	s. TelegraphenG.
Sachverständige	
	s. LG.
Säulen Patent Emperger	
E. 23/5 1914	M.f.öff.A. Z. 70 783-IX ex 1913 betr. umschnürte Säulen nach Patent Dr. Emperger bei Tragwerken aus Eisenbeton.
Sand- und Schottergewinnung	
	s. Steinbrüche und
E. 27/1 1897	HM. Z. 60 218 ex 1896 Regelung der Sand- und Schottergewinnung aus dem Donaustrom (NS. 902).
Schieß- und Sprengmittel	
	s. a. Pulver
G. 13/12 1919 St. 580	betr. das Schieß- und Sprengmittelmonopol und
VA. 24/12 1919 St. 10	ex 1920.
VA. 24/12 1919 St. 11	ex 1920.
Schiffahrt	
V. 4/11 1855 R. 9	wodurch Bestimmungen über den Betrieb der Dampfschiffahrt auf den Landseen, Strömen und Flüssen mit Einschluß aller binnenländischen Gewässer vorgeschrieben werden.
G. 1/4 1927 B. 121	betr. die Erlassung schiffahrtspolizeilicher Vorschriften für die Donau und die anderen österreichischen Binnengewässer (SchiffahrtspolizeiG.).
V. 1/10 1927 B. 288	betr. die Erlassung weiterer schiffahrtspolizeilicher V. für die Donau.
V. 1/10 1927 B. 289	betr. die Erlassung besonderer Vorschriften für einige öffentliche Landungsplätze an der oberösterreichischen Strecke der Donau.
V. 1/10 1927 B. 290	betr. die Durchfahrt unter den Brücken auf der österreichischen Strecke der Donau.
V. 1/10 1927 B. 291	betr. Sondervorschriften für die Durchfahrung des Wiener Donaukanales.
Schlachthausanlagen	
E. 26/7 1905	M.d.I. Z. 23 646 ex 1904 betr. Normalpläne für Schlachthausanlagen (V.Bl. d. M.d.I. 14 ex 1905).
Schlackenzement	
E. 5/7 1910	M.f.öff.A. Z. 7207-VIII a ex 1909 betr. Bestimmungen über die Verwendbarkeit von Schlackenzement.
E. 19/8 1913	M.f.öff.A. Z. 8788-IX e wie vorher.

Schleppbahnen

s. Eisenbahnen.

Schornsteine

s. Gewerbliche Anlagen (sowie das bezügliche Normenblatt).

Schulbauten

s. LG. und

G. 4/2 1870 — über die Errichtung und Erhaltung der öffentlichen Volksschulen.

Schwarzföhre

s. Harzgewinnung LG.

Sonntagsruhe

G. 16/1 1895 R. 21 — betr. die Regelung der Sonn- und Feiertagsruhe in Gewerbebetrieben.

G. 18/7 1905 R. 125 — womit das v. G. teilweise abgeändert und ergänzt wird.

V. 17/9 1912 R. 186 — womit die Dchfg.V. zu den v. G. teilweise abgeändert und ergänzt wird.

G. 15/5 1919 St. 282 — über die Mindestruhe, dem Ladenschluß und die Sonntagsruhe im Handelsgewerbe und anderen Betrieben.

Spielplätze

G. 22/7 1920 St. 334 — SpielplatzschutzG.

G. 22/7 1920 St. 335 — SpielplatzanforderungsG.

Spiritus

G. 23/9 1926 R. 287 — SpiritusG.

Spirituskontrollmeßapparate

V. 11/8 1927 R. 257 — betr. die Verwendung von Spirituskontrollmeßapparaten (Dolainski) zur Steuerkontrolle.

Spitalbauten

s. LG.

Sprengmittelmagazine

s. Sprengstoffe und ferner

E. 26/2	1882	M.d.I. Z. 12 504 (V.Bl. d. M.d.I. 5 ex 1901)
E. 18/7	1884	11 274 (NS. 3407).
E. 25/3	1885	3 192 (NS. 3408).
E. 15/4	1885	5 061 (NS. 3409).
E. 2/3	1887	3 496 (NS. 3412).
E. 6/4	1892	3 175 (NS. 3410).
E. 28/7	1896	22 468 (NS. 3410).
E. 24/7	1897	7 055 (NS. 3411).
E. 22/2	1898	25 549 (NS. 3415).
E. 27/4	1904	18 653 (NS. 6025).

Sprengstoffe

s. Dynamon, Amonal und ferner

V. 2/7 1877 R. 68 — wodurch gewerbliche und sicherheitspolizeiliche Bestimmungen über die Erzeugung von Sprengmitteln und den Verkehr damit erlassen werden.

V. 1/7 1880 R. 79 — betr. die Regelung des Transportes explodierbarer Artikel auf Eisenbahnen.

V. 22/9 1883 R. 156 — mit welcher einige Bestimmungen der v. V. abgeändert werden.

G. 27/5 1885 R. 134 — betr. Anordnungen gegen den gemeingefährlichen Gebrauch von Sprengstoffen und die gemeingefährliche Gebarung mit denselben.

V.	4/8	1885	R. 135	mit welcher auf Grund des v. G. Anordnungen in betreff der Sprengstoffe erlassen werden.
V.	19/5	1889	R. 95	mit welcher in Ergänzung der v. V. Anordnungen betr. den Verkehr mit sprengkräftigen Zündungen erlassen werden.
V.	19/5	1889	R. 96	betr. den Verkehr mit Sicherheitssprengpräparaten, welche dem Pulvermonopole unterliegen.
V.	20/5	1915	R. 131	betr. die Verwendung von flüssiger Luft zur Herstellung von Sprengstoffen.
VA.	24/12	1919	St. 10	ex 20 wie vorher.
VA.	24/12	1919	St. 11	ex 20 ,, ,,
G.	13/12	1919	St. 580	betr. das Schieß- und Sprengmittelmonopol.

Staatliche Lieferungen und Arbeiten

V.	3/4	1909	R. 61	betr. die Vergebung staatlicher Lieferungen und Arbeiten.
VA.	4/7	1919	St. 347	über die Abänderung und Ergänzung einiger Bestimmungen der v. V.

Staatsbeiträge zu Hochbauten

E.	7/9	1914		M.f.öff.A.Pr.Z. 2358 betr. Beiträge zu staatlichen Hochbauten.

Staatsvertrag von St-Germain-en-Laye

K.	21/7	1920	B. 303	Staatsvertrag von St-Germain-en-Laye vom 10/9 1919.

Starkstrom

G.	7/6	1922	B. 348	betr. elektrische Anlagen (ElektrizitätswegeG.).
V.	12/7	1922	B. 436	über Dchfg.Bestimmungen zum v. G. (StarkstromV.).
V.	12/7	1924	B. 206	betr. die teilweise Abänderung und Ergänzung der §§ 24 und 27 der StarkstromV.

Stauanlagen

s. Wildbachverbauung und LG.

Staumaßverordnung

s. Wasserrecht.

Steinbrüche

V.	29/5	1908	R. 116	mit welcher Vorschriften für den gewerbsmäßigen Betrieb von Steinbrüchen, Lehm-, Sand- und Schottergruben erlassen werden.
E.	29/5	1908	R. 116	HM. Z. 17 279 EinführungsE. zur v. V. (NS. 7136).

Steinmetzmeister

s. Baugewerbe.

Steuerbegünstigungen

s. Kleinwohnungen, Arbeiterwohnungen, BauaufwandbegünstigungsG., Bauvereinigungen sowie LG.

Straßen

G.	2/1	1877	R. 33	über die Schneeabräumung auf den Reichsstraßen.
V.	5/5	1877	R. 44	AusführungsV. des v. G.
G.	11/5	1894	R. 126	betr. die grundbücherliche Abtrennung von Grundstücken zum Zweck öffentlicher Straßen oder Wege, ferner zu Zwecken einer im öffentlichen Interesse unternommenen Anlage behufs Leitung oder Abwehr eines Gewässers.
G.	8/7	1921	B. 387	betr. die Bundesstraßen (BundesstraßenG.).
G.	17/3	1926	B. 65	,, ,, Beiträge der Bundesstraßenverwaltung zu nichtärarischen Straßen- und Brückenbauten im Jahre 1926.

Straßenbahnen

s. Eisenbahnen und Reichsstraßengrundbenützung.

V. 25/9	1924	B.	354	Telegraphenordnung.
V. 18/12	1925	B.	435	betr. Abänderung einiger Bestimmungen der I. TelegraphenV.
V. 14/10	1926	B.	302	betr. Abänderung einiger Bestimmungen der Telegraphenordnung.
G. 20/12	1927	B.	375	betr. die Abänderung einiger Bestimmungen der TelegraphenV.
G. 20/12	1927	B.	376	betr. die Abänderung einiger Bestimmungen der Fernsprechordnung und Fernsprechgebührenordnung.

Telephon

s. Telegraphenwesen.

Theater

s. LG.

Tierspitäler

s. LG.

Torf

s. Abtorfung.

Tragwerke

s. Hochbauten, Säulen, Brücken und Bedingnisse.

Traktor

s. Motorpflug.

Triebwagenführer

s. Elektrolokomotivführer.

Triftbauten

s. ForstG.

Überfuhren

V. 16/10	1876	R.	128	mit welcher Maßregeln zur Hintanhaltung von Unglücksfällen durch Überlastung der Überfuhrsfahrzeuge getroffen werden.
V. 25/7	1889	R.	122	womit die v. V. teilweise abgeändert wird.
(E.	1905			HM. Z. 65 027 Dchfg.Bestimmung zu v. V.)

Überschwemmungen

s. LG.

Uferschutzbauten

s. Wasserrecht.

Umbauten

s. BautenbegünstigungsG.

Unfallsanzeigen

V. 6/12	1917	R.	469	M.d.I. über Form und Inhalt der nach den gesetzlichen Vorschriften über die Unfallversicherung der Arbeiter zu erstattenden Unfallsanzeigen.

Unfallsgefahrenklassen

V. 16/12	1924	B.	446	betr. die Einteilung der unfallversicherungspflichtigen Betriebe in Gefahrenklassen und die Feststellung der Prozentsätze der Gefahrenklassen für die Zeit vom 1/1 1925 bis 31/12 1926.

Unfallversicherung

G. 28/12	1887	R.	1	ex 1888 betr. die Unfallversicherung der Arbeiter.
V. 3/4	1888	R.	35	Dchfg.V. des v. G.
G. 29/4	1912	R.	96	betr. die Unfallversicherung bei baugewerblichen Betrieben.
G. 21/8	1917	R.	363	,, die Abänderung einiger Bestimmungen über die Unfallversicherung der Arbeiter.

G. 30/12 1917	R. 523	betr. die Unfallversicherung der Bergarbeiter.
G. 10/12 1919	St. 579	„ Änderungen in der Unfallversicherung der Bergarbeiter und in der Zuständigkeit für Bruderladenangelegenheiten.
VA. 23/12 1919	St. 592	betr. die Übertragung der Unfallversicherung der Bergarbeiter an die territorialen Arbeiterunfallversicherungsanstalten.
G. 10/12 1925	B. 450	XVI. Novelle zum UnfallversicherungsG.

Unlauterer Wettbewerb

G. 26/9 1923	B. 531	gegen den unlauteren Wettbewerb.

Unternehmungen (Gemeinwirtschaftliche)

G. 29/7 1919	St. 389	über gemeinwirtschaftliche Unternehmungen.
V. 10/2 1922	B. 81	Dchfg.V. des v. G.
K. 16/2 1922	B. 81	Druckfehlerberichtigung der v. V.

Urheberrecht

G. 26/12 1895	R. 197	betr. das Urheberrecht an Werken der Literatur, Kunst und Photographie.
V. 29/12 1895	R. 198	Dchfg.V.

Vadien und

Vergebung staatlicher Arbeiten

s. staatliche Arbeiten.

Vermessung

1904		Instruktion zur Ausführung der trigonometrischen und polygonometrischen Vermessungen behufs Herstellung neuer Pläne für die Zwecke des Grundsteuerkatasters. Herausgegeben vom FM. Wien 1904.
E. 28/7 1907		FM. Z. 55166 Anleitung für das Verfahren bei Ausführung der Vermessungsarbeiten und bei Durchführung von Veränderungen in den Operaten des Grundsteuerkatasters zum Zwecke der Evidenzhaltung auf Grund des G. 23/5 1883 R. 83.
1907		Instruktion zur Ausführung der Vermessungen mit Anwendung des Meßtisches behufs Herstellung neuer Pläne für die Zwecke des Grundsteuerkatasters. Herausgegeben vom FM. 1907.
1907		Notizen zur Instruktion für Meßtischaufnahme vom Jahre 1907.
1926		Technische Anleitung für den Dienst bei der Vermessungsbehörde (II. Auflage). Herausgegeben vom Bundesamt für Eich- und Vermessungswesen.

Vermessungsamt

V. 21/9 1923	B. 550	über die Auflassung der Normaleichungskommission und die Vereinfachung der Organisation des Eichwesens.

Vermessungsstatut

V. 3/12 1923	B. 613	betr. das Statut des Bundesamtes für Eich- und Vermessungswesen.

Vermessungswesen

VA. 6/7 1919	St. 380	betr. einheitliche Regelung des gesamten staatlichen Vermessungswesens.

Verwaltungsreform

G. 21/7 1925 B. 273	zur Einführung des BundesG. über das allgemeine Verwaltungsverfahren, über die allgemeinen Bestimmungen des Verwaltungsstrafrechtes und das Verwaltungsstrafverfahren sowie über das Vollstreckungsverfahren in der Verwaltung (EinführungsG. zu den Verwaltungsverfahrens-G.= E.G.V.G.).
G. 21/7 1925 B. 274	über das allgemeine Verwaltungsverfahren (Allgemeines VerwaltungsverfahrenG.= A.V.G.).
G. 21/7 1925 B. 275	über die allgemeinen Bestimmungen des Verwaltungsstrafrechtes und Verwaltungsstrafverfahrens (V.St.G.= VerwaltungsstrafG.).
G. 21/7 1925 B. 276	über das Vollstreckungsverfahren in der Verwaltung (VerwaltungsvollstreckungsG.= V.V.G.).
G. 21/7 1925 B. 277	über die Vereinfachung der VerwaltungsG. und sonstige Maßnahmen zur Entlastung der Verwaltungsbehörden (VerwaltungsentlastungsG.= V.E.G.).
G. 26/3 1926 B. 76	VerwaltungsersparungsG.

Waldenklaven

s. Agrarische Operationen.

Wärmekraftmaschinen

s. Dampfkessel.

Wasserbauten

s. StraßenbauverbücherungsG. und Wasserrecht.

Wasserbuch

s. LG.

Wasserkräfte

17/12 1926 B. 55	ex 27 Übereinkommen über die Nutzbarmachung von Wasserkräften, an denen mehrere Staaten beteiligt sind, und Unterzeichnungsprotokoll.

Wasserkraftförderung

G. 13/7 1921 B. 409	betr. die Förderung der Wasserelektrizitätswirtschaft (WasserkraftförderungsG.).
G. 17/2 1922 B. 113	über die Abänderung des v. G.

Wasserkraftkataster

E. 3/13 1906	M.d.I. Z. 20371 betr. die Führung eines zentralen Wasserkraftkatasters (NS. 6292).

Wasserleitungsinstallationen

s. Gewerbeordnung.

Wasserrecht

G. 30/5 1869 R. 93	betr. die der Reichsgesetzgebung vorbehaltenen Bestimmungen des Wasserrechtes.
V. 14/2 1894 R. 45	betr. die Anlage, Erhaltung, Benutzung und Auflassung von Teichen (TeichV.).
	Ferner s. auch LG. vom Burgenland.

Wasserregulierungsbauten

G. 19/2 1873 R. 32	wirksam für das Erzherzogtum Österreich unter der Enns und das Herzogtum Ober- und Niederschlesien, betr. die Erwerbung von durch Wasserregulierungsbauten gewonnenen Grund und Boden.
	s. auch Straßen und Grundverkehr.

Wasserstraßen

G. 18/2 1878 R. 30 betr. die Enteignung zum Zwecke der Herstellung und den Betrieb von Eisenbahnen.

G. 11/6 1901 R. 66 betr. den Bau von Wasserstraßen und die Durchführung von Flußregulierungen.

V. 23/4 1903 R. 90 M.d.I. betr. die Feststellung der Projekte und die Enteignung zum Zwecke der Ausführung der nach dem v. G. herzustellenden Wasserstraßen.

Wasserverbrauchsmesser

V. 8/7 1902 R. 146 HM. betr. die amtliche Prüfung und Beglaubigung der Wasserverbrauchsmesser.

s. auch Elektrizitätszähler.

Wasserversorgungsanlagen

G. 23/1 1927 B. 339 betr. die Gewährung von Darlehen an Gemeinden aus Bundesmitteln zum Zwecke der Errichtung und des Ausbaues von Wasserversorgungsanlagen.

s. auch Elektrizitätszähler.

Wege

s. Notwege, Straßen, Wasserregulierungsbauten.

Wettbewerb für Architektur und Ingenieurarbeiten

E. 19/8 1910 M.f.öff.A. Z. 338-VIIIa.

E. 27/7 1914 „ Z. 38 666-VIIIe.

Wildbachverbauung

G. 30/6 1884 R. 117 betr. Vorkehrungen zur unschädlichen Ableitung von Gebirgswässern.

V. 18/12 1885 R. 2 ex 1886 betr. die Einrichtung und Vorlage der Generalprojekte für Unternehmen zur unschädlichen Ableitung von Gebirgswässern (Wildbachverbauungen).

Wohn- und Siedlungsfonds

G. 15/4 1921 B. 252 betr. Ausgestaltung des staatlichen Wohnungsfürsorgefonds zu einem Bundes-Wohn- und Siedlungsfonds.

G. 6/4 1922 B. 224 betr. Vermehrung der Mittel des Bundes-Wohn- und Siedlungsfonds (Fondsnovelle 1922).

G. 22/6 1922 B. 381 wie vorher (2. Fondsnovelle 1922).

G. 20/7 1922 B. 528 „ „ (3. „ 1922).

G. 27/11 1922 B. 839 „ „ (4. „ 1922).

G. 6/9 1922 B. 658 über Gewährung verzinslicher Darlehen des Bundes an Gebietskörperschaften und Vermehrung der Mittel des Bundes-Wohn- und Siedlungsfonds.

K. 13/1 1922 B. 21 betr. das Statut der Wohnungs- und Siedlungskommission im Bundesministerium für soziale Verwaltung.

G. 6/4 1925 B. 187 womit das Statut des Bundes-Wohn- und Siedlungsfonds verlautbart wird.

V. 26/1 1926 B. 32 betr. die Beitragsleistung der Arbeit- (Dienst-) Geber zum Bundes-Wohn- und Siedlungsfonds.

V. 8/2 1926 B. 40 womit V. 2/7 1925 B. 210 betr. die Gebührenbefreiung ergänzt wird.

K. 19/2 1926 B. 45 betr. die Abänderung des Statutes des Bundes-Wohn- und Siedlungsfonds.

G. 27/6 1926 B. 200 betr. Umwandlung der Barvorschüsse des Bundes an den Bundes-Wohn- und Siedlungsfonds.

V. 11/12 1926 B. 370 betr. Anerkennung von Schuldverschreibungen als den Zwecken der Wohnungsfürsorge dienend.

Wohnungsfürsorgefonds

G.	22/12	1910	R. 242	betr. die Errichtung eines Wohnungsfürsorgefonds.
V.	8/3	1918	R. 114	betr. Maßnahmen der Wohnungsfürsorge.
VA.	8/3	1919	St. 7	wegen Verlängerung der Wirksamkeit der v. V.
VA.	22/12	1919	St. 611	wie vorher.

Zelluloid

V.	15/7	1908	R. 163	betr. den Verkehr mit Zelluloid, Zelluloidwaren und Zelluloidabfällen.

Ziegel

s. LG.

Zimmermeister

s. Baugewerbe.

Zinkhütten

s. Bleihütten.

Zivilgeometer

s. Ziviltechniker.

Ziviltechniker

V.	7/5	1913	R. 77	betr. die Ziviltechniker (Zivilingenieure und Zivilgeometer).
V.	4/1	1916	R. 13	betr. die Zugestehung erleichterter Bedingungen an im gegenwärtigen Krieg invalid gewordene Bewerber um die Befugnis eines Ziviltechnikers.
VA.	6/9	1919	St. 454	betr. Begünstigungen zur Erlangung einer Ziviltechnikerbefugnis für Militäringenieuroffiziere und Genieoffiziere.
VA.	25/10	1919	St. 510	betr. die Einführung von Legitimationen für Ziviltechniker und behördlich autorisierte Bergbauingenieure.
VA.	14/4	1920	St. 171	mit welcher die Bestimmungen der v. V. abgeändert und ergänzt werden.
V.	31/8	1922	B. 692	H.u.G. wie vorher.
V.	12/1	1923	B. 39	womit die Wirksamkeit der ZiviltechnikerV. samt Nachtrag über die Abhaltung der Ziviltechnikerprüfung, des IngenieurkammerG. und der KV. über die Berechtigung zur Führung der Standesbezeichnung „Ingenieur" aufs Burgenland ausgedehnt wird (IngenieurV.).
V.	27/12	1924	B. 21	ex 1925, mit welcher die Bestimmungen der V. 7/5 1913 R. 77 abgeändert und ergänzt wurden.
V.	27/12	1925	B. 21	betr. die Abänderung der V. 7/5 1913 R. 77 (Zivilarchitekten).
V.	22/5	1926	B. 130	H.u.V. betr. die Unvereinbarkeit der Ausübung einer Ziviltechnikerbefugnis mit einem öffentlichen Dienst.

Zufahrtsstraßen

s. LG.

II. Ländergesetze

Burgenland

Auto

V.	3/8	1922	L.	6	betr. die Prüfung der Kraftfahrzeuge und ihre Führer,
V.	27/8	1922	L.	7	mit welcher vorläufige einschränkende Bestimmungen für den Verkehr von Lastkraftfahrzeugen und Anhängewagen auf allen öffentlichen Straßen erlassen werden.
V.	31/10	1922	L.	28	womit v. V. ergänzt wird.
G.	2/8	1922	L.	33	betr. Einhebung einer Landesabgabe von Kraftfahrzeugen.
V.	14/11	1922	L.	34	wie vorher.
V.	7/3	1923	L.	16	womit V. 3/8 1922 L. 6 abgeändert wird.
V.	12/11	1923	L.	60	,, ,, ,, ,,
G.	28/1	1926	L.	9	betr. die Regelung der Landesabgabe von Kraftfahrzeugen.

Bauordnung

G.	14/1	1926	L.	37	womit eine Bauordnung für das Burgenland erlassen wird.

Feuerwehrwesen

G.	15/1	1926	L.	27	betr. die Erlassung einer Feuerpolizei- und Feuerwehrordnung für das Burgenland.

Grundbuch

s. I. Abschnitt.

Landesgebäudesteuer

G.	12/7	1923	L.	55	betr. die Einhebung der Landesgebäudesteuer.
G.	16/12	1924	L.		,, ,, Festsetzung der Landesgebäudesteuer im Jahre 1925.
G.	28/1	1926	L.	9	Landesgebäudesteuernovelle.

Lohnabgabe

G.	4/8	1922	L.	14	betr. die Einhebung einer Lohn- und Gehaltsabgabe für öffentliche Fürsorgezwecke im Burgenland (Fürsorgeabgabe).
V.	21/11	1922	L.	32	Dchfg.V.

Maurerberechtigung

s. BundesG.

Straßen

G.	15/1	1926	L.	25	betr. die öffentlichen Straßen mit Ausnahme der Bundesstraßen (StraßenverwaltungsG. für das Burgenland).
G.	28/5	1926	L.	62	Abänderung des v. G.

Straßenpolizei

G.	7/9	1924	L.	20	betr. die Straßenpolizeiordnung für die öffentlichen Straßen im Burgenlande mit Ausnahme der Bundesstraßen.

Steuerbefreiung

G.	16/12	1924	L.	6	betr. die teilweise Befreiung von Neu-, Zu-, Auf- und Umbauten von der Landesgebäudesteuer.

Wasserrecht

ung. G.Artikel XXIII vom Jahre 1885 über das Wasserrecht.

ung. G.Artikel XVIII vom Jahre 1913.

Niederösterreich und Wien

Abwässer

G. 28/8	1870	L. 56	über Benutzung, Leitung und Abwehr der Gewässer.
G. 2/7	1924	L. 125	womit v. G. abgeändert wird.

Agrarische Operationen

G. 3/6	1886	L. 39	betr. die Teilung gemeinschaftlicher Grundstücke und die Regulierung der darauf bezüglichen gemeinschaftlichen Benutzungs- und Verwaltungsrechte.
K. 31/3	1887	L. 20	wie vorher.
G. 3/6	1886	L. 40	betr. die Zusammenlegung landwirtschaftlicher Grundstücke.
V. 2/1	1893	L. 1	betr. die Vorbildung und Prüfung der im Lokalkommissariatsdienst bei den agrarischen Operationen zu verwendenden Landwirte.
G. 18/5	1896	L. 49	womit § 13 G. 3/6 1886 L. 39 und § 19 G. 3/6 1886 L. 40 ergänzt werden.
G. 30/6	1912	L. 126	mit welchem das G. 3/6 1886 L. 40 abgeändert wird.
V. 10/2	1914	L. 21	betr. die Zerlegung landwirtschaftlicher Grundstücke in Niederösterreich.
G. 10/12	1925	L. 168	betr. die Organisation und den Wirkungsbereich der Agrarbehörden in Niederöstereich (O.A.L.G.).
G. 25/6	1926	L. 166	betr. das Verwaltungsstrafrecht der niederösterreichischen Agrarbehörden.

Aufforstung

G. 15/4	1911	L. 78	betr. die Aufforstung von Grundparzellen, welche der Aufforstungspflicht im Sinne der Bestimmungen des Forst-G. nicht unterliegen.

Aufzüge

4	1906		Instruktion für das Stadtbauamt betr. Aufstellung und Betrieb von Aufzügen innerhalb des Gemeindegebietes von Wien (Mag. Abt. IV-338/1904).

Augenscheinstaxen

G. 20/12	1923	WL. 9	ex 24 betr. die von der Gemeinde Wien einzuhebenden Taxen für Augenscheinsvornahmen in Bau- und anderen Sachen des selbständigen Wirkungskreises.

Badeanstalten

V. 4/2	1884	L. 9	Z. 57144 ex 1883.

Baugebühren

s. Verwaltungsabgaben.

Baugewerbe

V. 12/1	1921	L. 27	betr. das Prüfungs- und Zeugniswesen für Baugewerbeprüfungen in Niederösterreich-Land.

Bauordnungen

G. 17/1	1883	L. 35	womit eine Bauordnung für die k. k. Reichshaupt- und Residenzstadt erlassen wird.

G. 17/1 1883	L. 36	womit eine Bauordnung für das Erzherzogtum Österreich unter der Enns mit Ausschluß der Reichshaupt- und Residenzstadt erlassen wird.
G. 30/3 1887	L. 17	womit der § 66 Bauordnung 17/1 1883 L. 36 abgeändert wird.
G. 26/12 1890	L. 48	womit einige Bestimmungen der Bauordnung für Wien abgeändert werden.
G. 17/6 1920	L. 547	betr. die Abänderung der Bauordnung von Wien und Maßnahmen zur Behebung der Wohnungsnot und Förderung der Bautätigkeit daselbst.
G. 4/11 1920	L. 808	betr. die Abänderung mehrerer Bestimmungen der Bauordnung von Wien.
G. 23/2 1922	L. 132	über die Abänderung der Bauordnung (von Niederösterreich).
V. 6/10 1925	WL. 43	betr. die Regelung der Zuständigkeiten nach der Bauordnung.
G. 12/2 1926	WL. 13	betr. die Bauerleichterungen für Dachbodenwohnungen und Stockwerksaufsetzungen.
G. 9/12 1927	WL. 1	ex 28 mit welcher einige Bestimmungen der Bauordnung für Wien abgeändert und ergänzt werden.
		s. auch Kino.

Bodenwertabgabe

G. 18/12 1919	L. 11	ex 1920 betr. die Einführung einer Bodenwertabgabe im Gebiete der Stadt Wien.
V. 30/1 1920	L. 103	Vollzugsanweisung zu v. G.
G. 30/9 1921	WL. 127	betr. die Befreiung von Neu-, Zu-, Um- und Aufbauten von verschiedenen Abgaben.
G. 20/4 1923	WL. 57	

Dampfkessel

K. 20/11 1925	L. 144	Gebühren.

Donau

s. Wasserrecht, Strompolizei und B. G.

Donaukanal

E. 19/2 1901		des Statthalters von Niederösterreich Z. 12282 betr. die Bewilligung von baulichen Herstellungen am Wiener Donaukanal (NS. 5454).
K. 30/5 1926	WL. 31	betr. die Regelung des Verkehres von Motorschiffen im Donaukanal.
		s. auch Strompolizei.

Donauregulierung

G. 16/11 1868	L. 18	ex 69 betr. die Donauregulierung von Nußdorf bis Fischamend.
G. 4/1 1899	L. 2	betr. die Vollendung und Ergänzung der Donauregulierung in Niederösterreich.
G. 27/7 1912	L. 134	betr. die Donauregulierung im Erzherzogtum Österreich unter der Enns.
V. 14/1 1924	L. 27	betr. Schiffbarkeit des Gschirrwassers in Klosterneuburg für motorisch angetriebene Fahrzeuge.

Eisenbahnen

G. 28/5 1895	L. 32	betr. die Förderung des Eisenbahnwesens niederer Ordnung.

Eisenbahnzufahrtsstraßen

s. Zufahrtsstraßen.

Feuerpolizei

K. 25/6	1874	L.	37	Wiener Normalgewinde.
G. 31/12	1874	L.	6	ex 1875 betr. die Abänderung der §§ 52 und 64 des G. 1/6 1870 L. 39.
G. 19/3	1892	L.	18	womit eine Feuerpolizeiordnung für Wien erlassen wird.
K. 4/5	1907	L.	70	betr. die Normalkupplung für Feuerspritzen und Schläuche.
G. 8/7	1927	L.	169	betr. die Erlassung einer Feuerpolizeiordnung von Niederösterreich mit Ausnahme der Stadt St. Pölten und Wiener Neustadt.

Fischerei

G. 26/4	1890	L.	1	ex 91 FischereiG.
V. 9/1	1891	L.	2	DchfgsV. zum v. G.
G. 23/4	1894	L.	22	womit v. G. abgändert wird.
G. 1/3	1905	L.	92	womit § 64 des FischereiG. abgeändert wird.
G. 18/2	1921	L.	135	„ § 66 „ „ „ „
V. 11/12	1926	WL.	53	betr. das Verbot der Netzfischerei in der Zeit vom 1./5. bis 15./6. jeden Jahres.
V. 15/12	1926	L.	2	(ex 27.)

Flößerei

K. 1/12	1889	L.	36	betr. die Verlautbarung einer Flößereiordnung für die Strecke des Ennsflusses von Hieflau bis zur Einmündung in die Donau.

Flußaufsicht

G. 22/7	1899	L.	36	betr. die Schaffung eines besonderen Flußaufsichtsdienstes.
G. 7/2	1908	L.	41	womit v. G. abgeändert wird.

Forstwesen

V. 3/7	1873	L.	52	betr. die genaue Handhabung des ForstG.
V. 8/6	1907	L.	80	betr. die Bestellung sachkundiger und als befähigt anerkannter Wirtschaftsführer für Wälder von bestimmter hinreichender Größe und des diesen beizugebenden Schutz- und Aufsichtspersonales.
V. 31/1	1918	L.	22	Neueinteilung der Forstbezirke in Niederösterreich.
				s. auch Aufforstung.

Fortbildungsschule

G. 4/11	1923	WL.	92	FortbildungsschulG. für Wien.

Fuhrwerksbezeichnung

G. 17/12	1884	L.	36	womit Bestimmungen in Betreff der Verpflichtung zur Bezeichnung der Fuhrwerke erlassen werden.

Grundverkehr

G. 5/10	1868	L.	14	betr. die Freiheit des Verkehres mit Grund und Boden.

Harzgewinnung

G. 29/7	1920	L.	1	

Höhlenschutz

G. 3/7	1924	L.	131	betr. den Schutz, die Erhaltung und Verwertung von Naturhöhlen (LandeshöhlenschutzG.).

Immobiliargebühren

G. 19/4	1922	L.	218	betr. die Einhebung eines Landeszuschlages zu den Immobiliargebühren und zum Gebührenäquivalent.

Ingenieurkammer

V.	14/5	1913	R. 83	womit Dchfg.Bestimmungen zum G. 2/1 1913 R. 3 erlassen werden.

Jagdgesetz

G.	21/11	1901	L. 42	ex 02 womit ein JagdG. für Niederösterreich mit Ausnahme des Gemeindegebietes der Haupt- und Residenzstadt Wien erlassen wird.
G.	8/12	1902	L. 22	ex 03 womit ein JagdG. fürs Gemeindegebiet der Haupt- und Residenzstadt Wien erlassen wird.
V.	9/3	1903	L. 23	DchfgsV. des v. G.
G.	16/3	1906	L. 39	womit v. G. abgeändert wird.
V.	31/3	1906	L. 40	DchfgsV. zum JagdG.

Kanaleinmündungsgebühren

G.	19/1	1890	L. 9	wodurch das Recht der Gemeinde Wien zur Einhebung einer Kanaleinmündungsgebühr geregelt wird.
G.	9/4	1894	L. 14	betr. die Abänderung des § 7 des v. G.
G.	19/5	1921	WL. 54	„ „ „ der § 2, 6 des G. 19/1 1890 L 9.
G.	22/6	1923	WL. 69	„ „ „ des KanaleinmündungsgebührenG.

Katonasystem

E.	2/4	1915		Statthalterei Z. 37 976 betr. die Zulassung des Katonasystems bei Hochbauten in Niederösterreich.

Kino

G.	11/6	1926	WL. 35	betr. die Vorführung von Lichtbildern (Wiener KinoG.).
G.	14/9	1926	WL. 36	betr. bau-, feuer- und sicherheitspolizeilicher Vorschriften für die Vorführung von Laufbildern.
V.	14/9	1926	WL. 37	DchfgsV. zum v. G.

Kommissionsgebühren

s. Baugebühren.

Konzessionsabgabe

G.	4/8	1920	L. 724	betr. die Einhebung einer Gemeindeabgabe von bestimmten Erwerbsunternehmungen im Gebiete der Stadt Wien (Konzessionsabgabe).
G.	16/12	1921	WL. 13	ex 22 womit v. G. abgeändert wird.
G.	29/8	1922	WL. 138	womit v. G. abgeändert wird.
G.	23/12	1922	WL. 1	ex 23 womit v. G. abgeändert wird.
G.	19/7	1925	WL. 35	womit v. G. abgeändert wird.
V.	13/10	1925	WL. 45	womit v. G. abgeändert wird.

Kraftfahrzeuge

K.	22/5	1912	L. 75	Statthalterei betr. die Prüfung der Kraftfahrzeuge sowie deren Führer.
V.	17/4	1921	WL. 36	betr. die Prüfung der Kraftfahrzeuge und ihrer Führer.
G.	20/12	1923	WL. 16	ex 24 betr. die Einhebung einer Abgabe von Kraftwagen in Wien.
V.	19/2	1924	WL. 24	DchfgsV. zum v. G.
G.	8/4	1924	L. 82	betr. die Einhebung einer Landesabgabe von Kraftfahrzeugen.
G.	25/9	1924	L. 153	womit v. G. abgeändert wird.
V.	14/11	1924	WL. 61	betr. die Prüfungstaxen für Kraftfahrzeuge und ihre Führer.

K. 24/11 1924 L. 167 betr. die Prüfung der Kraftfahrzeuge und ihrer Führer.
G. 21/12 1925 WL. 59 womit G. 20/12 1923 WL. 16 ex 24 abgeändert wird.
V. 19/1 1926 WL. 7 DchfgsV. zum v. G.
G. 5/3 1926 WL. 16 ,, ,, ,, ,,
V. 19/1 1926 WL. 48 womit G. 20/12 1923 WL. 16 ex 24 abgeändert wird.
G. 19/5 1926 L. 80 Abänderung des G. 25/9 1924 L. 153 und G. 3/4 1924 L. 82.
V. 18/1 1927 WL. 5 betr. die Wiederverlautbarung des KraftwagenabgabeG.
s. auch Lastkraftwagen.

Krankenhausbauten

E. 31/12 1872 Statthalterei Z. 37 976 betr. die Errichtung (Erbauung) bzw. Erweiterung von Krankenanstalten (NS. 2079).
E. 31/5 1882 Statthalterei Z. 48 671 ex 1881 sanitäre Grundsätze für Neu- und Adaptierungsbauten von Krankenhäusern (NS. 2081).
K. 10/2 1926 L. 12 betr. Neu-, Erweiterungs- und Adaptierungsbauten von Krankenhäusern. Vorgang bei Erstellung und Prüfung von Projekten, Vergebung der Arbeiten und Lieferungen, Bauaufsicht und Abrechnung.

Landesgebäudesteuer

G. 21/6 1923 L. 92 betr. die Landesgebäudesteuer.
G. 21/6 1923 L. 94 betr. die Bezirkszuschläge zur Landesgebäude- und Landesgrundsteuer.
G. 21/6 1923 L. 95 betr. die Gemeindezuschläge zur Landesgebäude- und Landesgrundsteuer.
G. 10/4 1924 L. 61 betr. die Landesgebäudesteuer.
G. 18/12 1924 L. 5 ex 1925 wie vorher.
s. auch Steuerbefreiung.
G. 28/2 1925 L. 26 betr. die Landesgebäudesteuer.
G. 9/7 1925 L. 26 ,, ,, Gemeindezuschläge zur Landesgebäude- und Landesgrundsteuer.
G. 23/12 1925 L. 4 ex 26 betr. die Bezirkszuschläge zur Landesgebäude- und Landesgrundsteuer.
G. 29/1 1926 L. 14 betr. die für Zwecke der Fürsorgebezirke im Jahre 1926 einzuhebenden Zuschläge zur Landesgrundsteuer und Landesgebäudesteuer.
G. 19/5 1926 L. 131 u. 132 betr. Zuschläge für den Flußaufsichtsdienst bzw. Straßenbezirkszuschläge.
G. 16/2 1927 L. 50 betr. die zeitliche Befreiung von der Landesgebäudesteuer und von allen Zuschlägen dazu für Neu-, Zu-, Auf- und Umbauten in Niederösterreich.
s. auch Steuerbefreiung.

Landesgrundsteuer

s. auch vorher.
G. 21/6 1923 L. 93 betr. die Landesgrundsteuer.
G. 13/12 1923 L. 25 ex 1924 betr. die Einhebung eines Zuschlages zur Landesgrundsteuer.
G. 30/1 1924 L. 47 betr. die Landesgrundsteuer.
G. 28/2 1925 L. 27 ,, ,, ,,
G. 23/12 1925 L. 4 ex 26 Änderung des G. 23/6 1923 L. 94.
G. 19/1 1923 WL. 27 betr. die Einhebung einer Grundsteuer des Landes Wien für das Jahr 1923.
V. 13/3 1923 WL. 28 DchfgsV. zum v. G.

G. 22/12 1923 WL. 18 ex 24 betr. die Eingebung einer Grundsteuer des Landes Wien für das Jahr 1924.
G. 10/10 1924 WL. 59 womit G. 19/1 1923 WL. 27 ergänzt wird.

Landeskulturförderung
G. 18/1 1923 L. 33 über die Förderung der Landeskultur in Niederösterreich.

Landesverfassung
G. 30/11 1920 L. 1 LandesverfassungsG.
G. 27/11 1925 L. 150 betr. einige Abänderungen des v. G. (Landesverfassungsnovelle).
V. 29/12 1925 L. 163 betr. die Wiederverlautbarung der LandesverfassungsG. (Text).

Landwirtschaftlicher Maschinenbetrieb
V. 28/11 1913 L. 148 Statthalterei Z. X-2134/97 betr. die Verhütung von Unfällen im landwirtschaftlichen Maschinenbetrieb.

Lastkraftwagen
V. 24/7 1920 L. 610
V. 16/12 1920 L. 84
} mit welcher für das Land Niederösterreich provisorische, einschränkende Bestimmungen für den Lastkraftwagenverkehr auf öffentlichen Straßen und Wegen erlassen werden.
V. 11/10 1927 L. 210 betr. Bestimmungen über den Verkehr von Lastkraftwagen auf den Bezirksstraßen und Gemeindewegen in Niederösterreich.

Meliorationen
s. Wasserrecht.

Naturschutz
G. 3/7 1924 L. 130 betr. Maßnahmen zum Schutz der Natur (NaturschutzG.).

Omegadecken
E. 2/10 1915 Statthalterei Z. VI-743/2 betr. die Zulassung der Omegadecken.

Realsteuern
s. Landesgebäude- und Landesgrundsteuer.

Reichsstraßengrundbenützung
E. 1903 Statthalterei Z. 15 733 betr. die Benützung von Reichsstraßen durch elektrische Straßenbahnen in Wien.
E. 10/2 1903 Z. 47 956 ex 1902 wie vorher (NS. 5952).
E. 30/4 1907 Z. XIII-46/1 Benützungsbedingungen für Einbauten oder für andere Anlagen an Reichsstraßen (NS. 7071).

Sachverständige
G. 29/12 1920 L. 364
K. 20/3 1923 L. 38 u. 39
K. 21/7 1924 WL. 46 Liste der Sachverständigen in Enteignungsangelegenheiten.
K. 15/4 1925 WL. 25
K. 8/3 1926 WL. 19
K. 26/1 1926 L. 7
K. 1926 L. 7 (des Oberlandesgerichtes) Liste der Sachverständigen.

Schulbauten
G. 25/12 1904 L. 98 betr. die Errichtung, Erhaltung und den Besuch der öffentlichen Volksschulen.

V. 23/12	1905	L. 153	k. k. niederösterreichischer Landesschulrat Z. 176/12-II betr. die Beschaffenheit der Schulgebäude und ihrer Teile sowie die erforderlichen Schuleinrichtungen für die Volks- und Bürgerschulen in Niederösterreich mit Ausschluß von Wien.
V. 15/2	1907	LSR. 53	
G. 17/6	1920	L. 778	womit v. G. abgeändert wird.
G. 22/3	1922	L. 241	„ „ „ „ „
G. 27/6	1923	WL. 73	betr. die Errichtung, Erhaltung und den Besuch der öffentlichen Volksschulen im Schulbezirke Wien.
G. 2/7	1924	L. 1	ex 25 womit G. 25/12 1904 L. 98 abgeändert wird.
G. 12/12	1924	B. 14	ex 25.

Staumaß

V. 20/9	1872	L. 25	betr. die Form der Staumaße und die bei deren Aufstellung zu beobachtenden Vorschriften.

Steuerbefreiung

G. 20/2	1924	L. 48	betr. die Befreiung der Neu-, Zu-, Auf- und Umbauten in Niederösterreich von der Landesgebäudesteuer.
G. 15/5	1925	WL. 26	
G. 19/5	1926	L. 115	betr. die zeitliche Befreiung von der Landesgebäudesteuer
K. 13/1	1927	L. 6	und von allen Zuschlägen zu dieser für Neu-, Zu-, Auf- und Umbauten in Niederösterreich.

Straßen

G. 10/10	1875	L. 62	womit eine Straßenpolizeiordnung für die öffentlichen, nichtärarischen Straßen erlassen wird.
G. 1/12	1880	L. 37	betr. die Anwendung breiter Radfelgen.
G. 19/4	1894	L. 20	betr. die Herstellung und Erhaltung der öffentlichen, nichtärarischen Straßen und Wege.
G. 19/3	1911	L. 63	mit welchem einige Bestimmungen des v. G. abgeändert und ergänzt werden.
G. 19/	1920	L. 85	
V. 24/7	1920	L. 610	mit welcher für das Land Niederösterreich mit Ausschluß des Wiener Gemeindegebietes provisorische, einschränkende Bestimmungen für den Lastkraftwagenverkehr auf öffentlichen Straßen und Wegen, und zwar hinsichtlich der öffentlichen, nichtärarischen Straßen und Wege erlassen weden.
V. 16/12	1920	L. 84	mit welchem für das Land Niederösterreich mit Ausschluß des Landesteiles Wien provisorische, einschränkende Bestimmungen für den Lastkraftwagenverkehr auf den öffentlichen Straßen und Wegen erlassen werden.
G. 29/4	1920	L. 485	mit welchem der Absatz 3 des v. G. abgeändert wird.
G. 19/4	1922	L. 191	über die Abänderung des StraßenG.
G. 18/1	1923	L. 17	wie vorher.
G. 25/9	1924	L. 134	Abänderung des G. 19/4 1922 L. 191.

Stromabgabe

G. 13/6	1922	L. 262	betr. die Einhebung einer Abgabe vom Verbrauche an
G. 15/9	1922	L. 315	elektrischem Strom und Gas im Lande Niederösterreich.
G. 20/2	1924	L. 84	betr. die Erhöhung der Landesabgabe vom Verbrauche an elektrischem Strom und Gas.
G. 27/11	1925	L. 154	Verlängerung des G. 15/9 1922 L. 315.

Strompolizei

V. 10/11	1910	L. 241	betr. die provisorische Schiffahrts- und Strompolizeiordnung für die ober- und niederösterreichische Strecke der Donau.
K. 29/8	1923	WL. 85	Länge des Landungsplatzes (zur Förderung des Mineralölumsatzes).
K. 15/10	1924	WL. 58	betr. die Regelung des Verkehres von Motorschiffen auf
K. 30/5	1926	WL. 31	der Donau.
K. 28/10	1927	L. 208	betr. die Erlassung weiterer schiffahrtspolizeilicher Vorschriften für die Donau.

Theater

G. 14/3	1911	L. 57	betr. die bauliche Anlage, die innere Einrichtung und den Betrieb von Theatern, Rauchtheatern, Singspielhallen, Varietés, Zirkussen und Saaltheatern.

Tierspitäler

K. 16/2	1922	L. 57	betr. veterinärpolizeiliche Vorschriften über die Einrichtung und Benutzung von Tierspitälern und Tierschutzhäusern.
K. 10/1	1923	WL. 4	wie vorher.

TrennungsG.

G. 29/11	1921	L. 346	womit ein selbständiges Land Wien gebildet wird.
G. 29/12	1921	WL. 153	VerfassungsG., womit ein selbständiges Land Wien gebildet wird.

Überschwemmungen

V. 12/1	1906	L. 13	Verhalten vor, während und nach einer Überschwemmung der an der Donau und dem Donaukanal gelegenen Gemeindebezirke Wiens.

Unratsanlagen

G. 20/1	1923	WL. 31	betr. die Räumung von Unratsanlagen durch die Gemeinde Wien und die Einhebung von Räumungsgebühren.
G. 12/1	1923	WL. 31	betr. die Räumung von Unratsanlagen durch die Gemeinde Wien und die Einhebung von Räumungsgebühren.
V. 12/6	1923	WL. 63	DchfgsV.
V. 14/12	1923	WL. 95	,,

Waldschutz

G. 13/6	1922	L. 251	betr. Maßnahmen zum Schutze des Waldes.

Wasserbuch

V. 20/9	1872	L. 26	betr. die Einrichtung und Führung des Wasserbuches mit der Wasserkarten- und Urkundensammlung.
V. 2/9	1924	L. 126	betr. die Einrichtung und Führung des Wasserbuches mit der Wasserkarten- und Urkundensammlung.

Wassergebühren

G. 16/2	1922	L. 129	über die Einhebung von Wassergebühren durch die Gemeinden Niederösterreichs.

Wasserkräfte

G. 1/8	1919	L. 286	betr. die Ausnützung der Wasserkräfte der Donau.

Wasserkraftabgabe

G. 26/9	1922	WL. 152	betr. die Einhebung einer Abgabe vom Verbrauch von Gas und elektrischem Strom im Wiener Gemeindegebiet.

K.	24/10	1922 WL.	161	K. zum v. G.
V.	17/10	1922 WL.	162	DchfgsV. zum v. G.
G.	1/6	1923 WL.	62	Verlängerung des v. G.
G.	20/12	1923 WL.	10	ex 24 Verlängerung des v. G.
G.	16/10	1925 WL.	46	womit v. G. abgändert wird.

Wasserkraftförderung

G.	21/6	1921 L.	313	über die Ausnützung der im Gebiete von Niederösterreich vorhandenen Wasserkräfte durch das Land.
V.	15/10	1921 L.	314	Dchfg. V. des v. G.
V.	10/4	1923 L.	56	betr. Abänderung der v. V.

Wasserrecht

G.	28/8	1870 L.	56	über Benützung, Leitung und Abwehr der Gewässer.
G.	1/8	1919 L.	286	betr. die Ausnützung der Wasserkräfte der Donau.
G.	21/6	1921 L.	313	s. Wasserkraftförderung.
V.	15/10	1921 L.	314	wie vorher.
G.	2/7	1924 L.	125	womit G. 28/8 1870 L. 56 abgeändert wird.

Wasserversorgung

G.	22/2	1923 WL.	14	ex 24 betr. die Versorgung der Stadt Wien mit Trink- und Nutzwasser.
V.	8/1	1924 WL.	15	DchfgsV. zum v. G.
G.	23/1	1925 WL.	14	womit v. G. abgeändert wird.
V.	17/3	1925 WL.	16	womit V. 8/1 1924 WL. 15 abgeändert wird.
G.	30/6	1927 L.	177	über die öffentliche Wasserversorgung durch die Gemeinden Niederösterreichs.

Wohnbausteuer

G.	20/1	1923 WL.	30	betr. die Einhebung einer Wohnbausteuer im Gebiete der Stadt Wien.
V.	20/3	1923 WL.	34	DchfgsV. zum v. G.
G.	22/2	1924 WL.	27	womit v. G. abgeändert wird.
G.	16/7	1924 WL.	55	womit G. 20/1 1923 WL. 30 abgeändert wird.
G.	10/10	1924 WL.	54	betr. die Einhebung von Zuschlägen zur Wohnbausteuer des Landes Wien (II. Novelle).
V.	21/10	1924 WL.	56	DchfgsV. der II. Novelle und Abänderung der V. 20/3 1923 WL. 34.
G.	18/3	1927 WL.	21	betr. die zeitliche Befreiung von der Wohnbausteuer aus dem Titel der Bauführung.

Zufahrtsstraßen

G.	24/4	1874 L.	24	betr. die Herstellung und Erhaltung der Zufahrtsstraßen zu den Bahnhöfen und Aufnahmsstationen der Eisenbahnen.

Kärnten

Agrarische Operationen

G. 5/7	1885	L.	23	betr. die Teilung gemeinschaftlicher Grundstücke und die Regulierung der darauf bezüglichen gemeinschaftlichen Benutzungs- und Verwaltungsrechte.
G. 22/2	1890	L.	10	betr. die Zusammensetzung der Landeskommission für Angelegenheiten der Bereinigung des Waldlandes von fremden Enklaven und die Arrondierung der Waldgrenzen.
G. 21/2	1900	L.	14	womit G. 5/7 1885 L. 23 abgeändert wird.

Bauordnungen

G. 13/3	1866	L.	12	womit eine Bauordnung fürs Herzogtum Kärnten mit Ausschluß der Landeshauptstadt Klagenfurt erlassen wird.
G. 13/5	1904	L.	22	womit eine Bauordnung für die Landeshauptstadt Klagenfurt erlassen wird.
G. 24/2	1911	L.	20	betr. die Änderung der §§ 92 bis 94 des G. 13/3 1866 L. 12.
G. 14/2	1921	L.	17	ex 1922 gültig für das Land Kärnten mit Ausnahme der Landeshauptstadt Klagenfurt betr. das Rechtsmittelverfahren in Angelegenheit der Bauordnung.
G. 5/4	1922	L.	1	ex 1923 betr. einige Abänderungen des G. 13/5 1904 L. 22.
G. 5/2	1925	L.	17	betr. die Änderung des G. 13/3 1866 L. 12 hinsichtlich der die Aufstellung von Dampfkesseln berührenden Bestimmungen.
G. 5/2	1925	L.	21	betr. die Änderung der Bestimmung über die Rauchfänge im G. 13/5 1904 L. 22.
G. 5/2	1925	L.	45	betr. die Änderung des G. 13/5 1904 L. 22 mit Rücksicht auf bundesgesetzliche Regelung dieser Materie durch V. 27/2 1924 B. 59.

Dampfkesselaufstellung

s. Bauordnung

Feuerpolizei

Hfd. 18/5	1825			
G. 10/3	1891	L.	13	womit eine Feuerlöschordnung für das Herzogtum Kärnten mit Ausnahme der Landeshauptstadt Klagenfurt erlassen wird.
G. 20/12	1921	L.	35	ex 1922 betr. die Feuerbeschau und die Reinigung der Rauchfänge.

Kraftwagenabgabe

G. 26/1	1927	L.	20	über die Einhebung einer Abgabe von Kraftwagen in Kärnten.

Lastkraftwagen

G. 22/12	1921	L.	42	ex 1922 betr. das Verbot der Eisenbereifung der Lastkraftwagen in Kärnten.

Meliorationen

s. Wasserrecht.

Straßen

G. 21/5	1890	L.	17	StraßenG.
G. 7/4	1896	L.	12	betr. die Abänderung der §§ 16 und 21 des v. G.

G. 11/12	1904	L. 35	betr. die Abänderung des LandesstraßenG.
G. 17/7	1900	L. 21	womit eine Straßenpolizeiordnung für die öffentlichen, nichtärarischen Straßen erlassen wird.
G. 11/4	1922	L. 65	betr. einige Abänderungen des G. für die nichtärarischen Straßen in Kärnten.

Wasserrecht

G. 28/8	1870	L. 46	über die Benützung, Leitung und Abwehr der Gewässer.
V. 20/9	1872	L. 22	Staumaß.
V. 20/9	1872	L. 23	Wasserbuch.
G. 21/3	1919	L. 40	womit G. 28/8 1870 L. 46 ergänzt und abgeändert wird.
G. 28/7	1911	L. 30	ex 1912 betr. einiger Forst- und wasserpolizeilicher Maßnahmen.
G. 5/2	1925	L. 14	womit G. 28/8 1870 L. 46 abgeändert wird.
V. 24/4	1925	L. 18	betr. Einrichtung und Führung des Wasserbuches mit der Wasserkarten- und Urkundensammlung.

Zufahrtsstraßen

G. 7/8	1881	L. 22	betr. die Herstellung und Erhaltung der Zufahrtsstraßen zu den Bahnhöfen und Aufnahmsgebäuden der Eisenbahnstationen.
G. 30/7	1905	L. 21	betr. die Herstellung und Erhaltung der Zufahrtsstraßen zu den Bahnhöfen und Aufnahmsstationen der Eisenbahn.

Oberösterreich

Agrarische Operationen

G.	28/6	1909	L. 36	betr. die Teilung gemeinschaftlicher Grundstücke und die Regulierung der darauf bezüglichen gemeinschaftlichen Benutzungs- und Verwaltungsrechte.

Bauordnungen

G.	13/3	1875	L. 14	womit eine Bauordnung fürs Stadtgebiet der Landeshauptstadt Linz und der Stadt Steyr erlassen wird.
G.	12/3	1875	L. 15	womit eine Bauordnung für das Erzherzogtum Österreich ob der Enns mit Ausnahme jener Orte, welche eine eigene Bauordnung besitzen, erlassen wird.
G.	3/12	1883	L. 23	in Betreff Erzeugung und Verwendung normalmäßiger Mauerziegel.
G.	1/8	1887	L. 22	womit eine Bauordnung fürs Gemeindegebiet der Landeshauptstadt Linz und der Stadt Wels erlassen werden.
G.	20/1	1888	L. 3	womit v. G. auf das Gemeindegebiet der Stadt Urfahr ausgedehnt wird.
G.	14/2	1888	L. 9	wirksam fürs Gemeindegebiet Wels betr. die Kanalisierung der Straßen.
G.	1/8	1893	L. 24	womit G. 1/8 1887 L. 22 auf das Gebiet der Stadtgemeinde Gmunden mit Ausnahme der Steuergemeinden Schlagen und Traunstein ausgedehnt wird.
G.	31/3	1898	L. 15	womit Bauordnung 1/8 1887 L. 22 auf das Gebiet der Stadtgemeinde Ried ausgedehnt wird.
G.	24/5	1898	L. 19	womit §§ 3, 5, 19, 20 der Bauordnung 12/3 1875 L. 15 abgeändert wird.
G.	13/9	1909	L. 55	betr. die Abänderung des § 31 des G. 13/3 1875 L. 15.
G.	3/5	1921	L. 130	betr. die Abänderung der Bauordnung 13/3 1873 L. 15.
G.	26/7	1923	L. 66	

Donau

s. Wasserrecht.

Elektrische Inneninstallationen

V.	16/9	1927	L. 36	betr. die behördliche Beschau der elektrischen Inneninstallationen (gültig für alle Gemeinden Oberösterreichs mit Ausnahme der Stadt Linz und Steyr).

Eisenbahnen

G.	22/6	1895	L. 20	betr. die Förderung des Eisenbahnwesens niederer Ordnung.

Feuerpolizei

G.	2/2	1873	L. 18	womit eine Feuerpolizeiordnung erlassen wird.
G.	20/11	1881	L. 5	
G.	28/12	1889	L. 2	ex 1890 mit welcher die §§ 8 und 10 des G. 2/2 1873 L. 18 geändert werden.
V.	16/9	1927	L. 37	betr. den unbefugten Ersatz von Sicherungen.

Landesgebäudesteuer

G.	23/12	1925	L.	10	ex 26 betr. die Einführung eines Zuschlages zur Landesgebäudesteuer.
G.	13/12	1926	L.	2	ex 27 Änderung des v. G.

Landesgrundsteuer

G.	5/12	1924	L.	18	ex 25 betr. die Grundsteuerbegünstigungen für Kleingrundbesitzer.
G.	23/12	1925	L.	9	ex 26 betr. die Einführung eines außerordentlichen Grundsteuerzuschlages.
G.	13/12	1926	L.	1	ex 27 Abänderung des v. G.
G.	5/12	1926	L.	3	ex 27 Änderung des G. 5/12 1924 L. 18 ex 25.

Straßen

G.	11/12	1869	L.	31	betr. die Herstellung und Erhaltung der öffentlichen, nichtärarischen Straßen und Wege.
G.	29/1	1891	L.	7	wodurch die §§ 2, 3, 8, 10, 15 und 20 des v. G. geändert werden.
G.	15/5	1896	L.	21	wodurch die §§ 4, 10 und 15 des G. 11/12 1869 bzw. G. 29/1 1891 L. 7 abgeändert werden.

Wasserrecht

G.	28/8	1870	L.	32	über Benützung, Leitung und Abwehr der Gewässer.
E.	12/12	1870	L.	38	in betreff der Berichtigung des § 47 des v. G.
V.	20/9	1872	L.	41	Wasserbuch.
K.	12/2	1873	L.	19	über die Wasserdispositionen bei den Seeklausen in Gmunden, für den Betrieb der Wasserwerke sowie der Schiffahrt und Flößerei im Traunfluß.
E.	9/8	1873	L.	52	in betreff der Eintragung des Wasserbenützungsrechtes zur Holztrift einschließlich des Rechtes zur Herstellung der notwendigen Anlagen in dem Waldkataster.
K.	6/11	1874	L.	28	womit eine provisorische Strompolizeiordnung für die ober- und niederösterreichische Strecke der Donau erlassen wird.
G.	24/5	1919	L.	111	betr. die Abänderung und Ergänzung einiger Bestimmungen des G. 28/8 1870 L. 32.
G.	18/8	1919	L.	148	über die Ausnützung der Wasserkräfte der Donau sowie die Ausführung und den Betrieb der dazu notwendigen Anlagen.
V.	21/11	1927	B.	350	betr. die Einrichtung und Führung des Wasserbuches.

Zufahrtsstraßen

G.	21/12	1872	L.	2	ex 1873 über die Herstellung und Erhaltung von Zufahrtsstraßen zu nichtärarischen Eisenbahnen.
G.	7/8	1881	L.	22	über die Herstellung und Erhaltung der Zufahrtsstraßen zu nichtärarischen Eisenbahnen.
G.	11/10	1900	L.	43	womit der Titel des G. 21/12 1872 abgeändert wird.

Salzburg

Abgabenermäßigung

G.	22/12	1926	L. 23	AbgabenermäßigungsG.

Agrarische Operationen

G.	11/10	1892	L. 31	betr. die Zusammenlegung landwirtschaftlicher Grundstücke.
G.	11/10	1892	L. 32	betr. die Teilung gemeinschaftlicher Grundstücke und die Regulierung der darauf bezüglichen gemeinschaftlichen Benutzungs- und Verwaltungsrechte.
G.	20/11	1910	L. 79	Ergänzung und Abänderung des v. G.
G.	14/2	1922	L. 63	betr. die Änderung des § 20 des v. G.
G.	20/11	1910	L. 80	Abänderung des G. 11/10 1892 L. 31.

Bauordnungen

G.	7/7	1879	L. 15	womit eine Bauordnung für das Herzogtum Salzburg mit Ausschluß der Landeshauptstadt erlassen wird.
K.	12/3	1881	L. 7	betr. die Abänderung des § 77 der v. Bauordnung.
G.	2/4	1886	L. 27	womit eine Bauordnung für die Landeshauptstadt Salzburg erlassen wird.
V.	30/7	1889	L. 16	betr. die Verwendung von Eisenkonstruktionen bei Bauten außerhalb der Landeshauptstadt Salzburg.
G.	21/12	1892	L. 1	ex 1893 betr. die Abänderung des § 10 des G. 7/7 1879 L. 15.
G.	24/7	1901	L. 24	womit der § 29 der Bauordnung 1879 abgeändert wird.
G.	8/11	1901	L. 33	womit die §§ 4, 63 und 64 des G. 2/4 1886 L. 27 abgeändert werden.
G.	5/7	1919	L. 99	womit in Ergänzung der Bauordnung 1886 und 1879 zur Hebung der Bautätigkeit die Einräumung weitgehender Erleichterungen gewährt wird.
G.	26/7	1919	L. 100	Festsetzung von allgemeinen Bauerleichterungen für die Landeshauptstadt Salzburg.
V.	26/9	1919	L. 101	Festsetzung von allgemeinen Bauerleichterungen für das Gebiet des Landes Salzburg mit Ausnahme der Landeshauptstadt.
G.	8/5	1924	L. 100	womit einzelne Bestimmungen des G. 7/7 1879 L 15 und G. 2/4 1886 L. 27 aufgehoben bzw. ergänzt werden.

BautenbegünstigungsG.

G.	22/12	1926	L. 8	ex 27 über Steuerbefreiungen für gewisse Bauten.
K.	14/2	1927	L. 18	Druckfehlerberichtigung.
V.	14/2	1937	L. 37	DchfgsV.

Eisenbahnen

G.	12/5	1895	L. 18	betr. die Förderung der Eisenbahnen niederer Ordnung.

Feuerpolizei

G.	10/11	1880	L. 12	womit eine Feuerpolizei- und Feuerwehrordnung fürs Herzogtum Salzburg erlassen wird.
G.	7/1	1883	L. 6	betr. die Abänderung der §§ 8 und 9 v. G.
G.	6/8	1892	L. 26	womit die §§ 8 und 9 v. G. abgeändert werden.
G.	16/3	1922	L. 111	betr. die Änderung des v. G.

FischereiG.

G.	25/2	1889	L.	10	FischereiG.
V.	3/8	1927	L.	61	11 Dchfg. V.

Gewerbliche Fortbildungsschule

G.	22/12	1925	L.	6	ex 27 über die gewerblichen Fortbildungsschulen im Lande Salzburg.

Hausklassensteuer

G.	22/12	1926	L.	23	AbgabenermäßigungsG.

Kraftfahrzeugabgabe

G.	13/5	1927	L.	52	3. Novelle.

Landesgebäudesteuer

G.	6/5	1925	L.	47	
G.	22/12	1926	L.	7	über die Ausdehnung des v. G. und der I. u. II. Novelle zum v. G. auf die Jahre 1927/1928 (III. Novelle).
G.	14/4	1927	L.	34	Dchfg. V. zum G. 6/5 1925 L. 47.

Landesgrundsteuer

G.	22/12	1926	L.	20	betr. die Einhebung einer Landesgrundsteuer.
G.	22/12	1926	L.	33	AbgabenermäßigungsG.
V.	1/4	1926	L.	34	Dchfg. V. zum G. 22/12 1926 L. 20.

Meliorationen

s. Wasserrecht.

Straßen

G.	14/1	1873	L.	5	StraßenG. für das Herzogtum Salzburg.
G.	16/2	1886	L.	17	womit der § 38 v. G. abgeändert wird.
G.	14/6	1897	L.	24	betr. die Herstellung von eisernen Brücken bei Land- und Gemeindestraßen I. Klasse.
G.	15/4	1921	L.	90	betr. die Änderung des G. 14/1 1873 L. 5.
G.	23/1	1923	L.	32	betr. die Änderung des § 38 des G. 14/1 1873 L. 5.

Wasserrecht

G.	28/8	1870	L.	32	über Benützung, Leitung und Abwehr der Gewässer.
V.	20/9	1872	L.	37	Wasserbuch.
V.	20/9	1872	L.	38	Staumaß.
G.	27/1	1920	L.	28	womit G. 28/8 1870 L. 32 abgeändert wird.
G.	12/12	1922	L.	12	ex 1923 womit G. 28/8 1870 L. 32 abgeändert wird.
G.	27/1	1920	L.	38	über Ausnützung der heimischen Wasserkräfte durchs Land.
G.	7/12	1923	L.	10	ex 1924 womit G. 28/8 1870 L. 32 abgeändert wird (3. Wasserrechtsnovelle).

Zufahrtsstraßen

G.	15/5	1872	L.	19	betr. Herstellung und Erhaltung von Zufahrtsstraßen zu nichtärarischen Eisenbahnen.
G.	16/6	1875	L.	21	wie vorher.
G.	19/3	1905	L.	23	womit das v. G. auf Zufahrtsstraßen für Eisenbahnen anwendbar erklärt wird.

Steiermark

Agrarische Operationen				
G. 26/5	1909	L.	45	betr. die Zusammenlegung landwirtschaftlicher Grundstücke.
G. 26/5	1909	L.	44	betr. die Teilung gemeinschaftlicher Grundstücke und die Regulierung der darauf bezüglichen gemeinschaftlichen Benutzungs- und Verwaltungsrechte.
Bauordnungen				
K. 9/2	1857	L.	5	Bauordnung für das Herzogtum Steiermark mit Ausnahme der Landeshauptstadt Graz samt Anhang über die Erzeugung von gebrannten Ziegeln.
G. 7/9	1881	L.	20	womit eine neue Bauordnung für die Landeshauptstadt Graz erlassen wird.
G. 14/6	1894	L.	42	betr. die Abänderung und Ergänzung des § 47 der Bauordnung 7/9 1881 L. 20.
G. 8/4	1921	L.	181	betr. die Abänderung der Bauordnung für die Landeshauptstadt Graz und Maßnahmen zur Linderung der Wohnungsnot.
G. 12/3	1866	L.	6	über industrielle Bauten.
G. 7/8	1925	L.	66	
Eisenbahnen				
G. 11/2	1890	L.	22	betr. die Förderung des Lokaleisenbahnwesens.
Feuerpolizei				
G. 25/6	1886	L.	29	womit eine Feuerlöschordnung für das Herzogtum Steiermark mit Ausnahme der Landeshauptstadt Graz erlassen wird.
G. 28/7	1908	L.	57	Änderung des § 8 des G. 29/8 1895 L. 97 (Rauchfänge).
G. 21/12	1922	L.	41	
Gewerbliche Fortbildungsschule				
G. 23/12	1926	L.	32	ex 27 betr. die gewerbl. Fortbildungsschulen in Steiermark.
Kraftfahrzeugabgabe				
G. 12/6	1922	L.	228	
G. 30/12	1926	L.	8	ex 27 Ergänzung des v. G.
Landesgebäudesteuer				
G. 30/12	1927	L.	30	
Straßen				
G. 23/6	1866	L.	22	betr. die Herstellung und Erhaltung der öffentlichen, nichtärarischen Straßen und Wege.
G. 17/12	1874	L.	1	ex 1875 betr. die Behandlung der in dem V. G. einem L. G. vorbehaltenen Angelegenheiten.
G. 10/1	1891	L.	18	mit welchem § 25 des G. 9/1 1870 L. 20 abgeändert wird.
G. 13/7	1920	L.	230	womit G. 23/6 1866 L. 22 abgeändert wird.

Wasserrecht

G. 18/1 1872	L. 8	über die Benützung, Leitung und Abwehr der Gewässer.
V. 20/9 1872	L. 34	Wasserbuch.
G. 28/1 1919	L. 31	womit G. 18/1 1872 L. 8 ergänzt und abgeändert wird.
V. 21/11 1927	B. 350	betr. die Einrichtung und Führung des Wasserbuches.

Zufahrtsstraßen

G. 16/10 1869	L. 46	betr. die Herstellung und Erhaltung der Zufahrtsstraßen zu den Bahnhöfen und Aufnahmsstationen der Eisenbahnen.

Tirol

Agrarische Operationen

G. 19/6	1909	L.	61	betr. die Teilung gemeinschaftlicher Grundstücke und die Regulierung der darauf bezüglichen gemeinschaftlichen Benutzungs- und Verwaltungsrechte.
G. 19/6	1909	L.	62	betr. die Zusammenlegung landwirtschaftlicher Grundlagen.

Bauordnungen

G. 19/6	1886	L.	33	(Bozen).
G. 30/3	1896	L.	31	womit eine Bauordnung für die Landeshauptstadt Innsbruck erlassen wird.
G. 24/5	1896	L.	32	(Trient).
G. 25/10	1899	L.	8	ex 1900 (Meran).
G. 15/10	1900	L.	1	ex 1901 womit eine Bauordnung für die gefürstete Grafschaft Tirol mit Ausnahme jener Orte, die Bauordnungen auf Grund von LandesG. besitzen, erlassen werden.
G. 11/12	1922	L.	45	betr. die Abänderung des G. 30/3 1896 L. 31.
G. 16/12	1926	L.	7	ex 27 betr. eine Abänderung und Ergänzung der Landesbauordnung ex 1900.

Dampfkessel

K. 9/7	1875	L.	70	betr. die Erprobung und periodische Untersuchung der Dampfkessel und die Sicherheitsvorkehrungen gegen Dampfkesselexplosionen.

Feuerpolizei

G. 28/11	1881	L.	36	womit eine Feuerpolizei- und Feuerwehrordnung erlassen wird.
G. 28/3	1886	L.	18	womit einige Bestimmungen des v. G. abgeändert werden.
G. 2/3	1927	L.	45	betr. die Feuerpolizei- und Feuerwehrordnung für Tirol.

Kino

G. 23/2	1927	L.	23	LichtspielG.
G. 21/4	1927	L.	24	betr. bau-, feuer-, sicherheits- und gesundheitspolizeilicher Vorschriften für die Vorführung von Lichtbildern.
V. 27/10	1927	L.	47	Abänderung der v. V.

Kraftfahrzeugsteuer

G. 28/1	1920	L.	27	
V. 9/5	1927	L.	28	betr. die Wiederverlautbarung des KraftfahrzeugsG.

Landesgebäudesteuer

G. 5/3	1925	L.	15	
G. 25/1	1926	L.	21	Abänderung des v. G.
G. 16/12	1926	L.	3	„ „ „ „

Meliorationen

s. Wasserrecht.

Steuer

G.	29/7 1893	L.	21	betr. die Befreiung von Neubauten mit Arbeiterwohnungen von Zuschlägen zur Hauszinssteuer und 5%igen Steuer vom reinen Zinsertrag für Tirol.

Straßen

G.	11/10 1895	L.	47	betr. die öffentlichen Straßen und Wege mit Ausnahme der auf Staatskosten bestehenden Straßen und die Eisenbahnzufahrtsstraßen.

Straßenpolizei

G.	18/12 1923	L.	6	ex 24.
V.	4/7 1927	L.	38	Einschränkung des v. G.

Wasserrecht

G.	28/8 1870	L.	64	über Benützung, Leitung und Abwehr der Gewässer.
V.	20/9 1872	L.	78	s. RG. Staumaß.
V.	20/9 1872	L.	79	s. RG. Wasserbuch.
G.	1/1 1923	L.	10	mit welchem die Bestimmungen der §§ 99 und 100 der Z. 28/8 1870 L. 64 abgeändert werden.

Zufahrtsstraßen

G.	11/2 1874	L.	14	betr. die Herstellung, Umlegung und Erhaltung von Zufahrtsstraßen zu Bahnhöfen und Aufnahmsstationen von Eisenbahnen.
G.	10/6 1898	L.	17	womit der § 5 des v. G. abgeändert wird.
G.	24/10 1899	L.	61	betr. die Umlegung und Erhaltung von Zufahrtsstraßen zu Bahnhöfen und Aufnahmsstationen.

Vorarlberg

Agrarische Operationen

G. 11/7	1921	L.	115	betr. die Teilung gemeinschaftlicher Grundstücke und die Regulierung der darauf bezüglichen gemeinschaftlichen Benutzungs- und Verwaltungsrechte.
G. 11/7	1921	L.	119	betr. die Zusammenlegung landwirtschaftlicher Grundstücke.

Bauordnung

G. 17/3	1924	L.	9	womit eine Bauordnung für das Land Vorarlberg erlassen wird.

Feuerpolizei

G. 18/2	1888	L.	18	womit eine Feuerpolizei- und Feuerwehrordnung erlassen wird.
G. 28/2	1890	L.	10	womit § 10 des v. G. abgeändert wird.
G. 10/7	1899	L.	35	durch welche die §§ 30 und 40 des v. G. abgeändert werden.
G. 28/4	1909	L.	40	womit § 16 des v. G. abgeändert wird.

Flußregulierungen

G. 10/8	1923	L.	67	betr. die Dchfg. und die Erhaltung von Flußregulierungen, Wildbachverbauungen, Bewässerungs- und Entwässerungsanlagen (Allgemeines WasserbautenG.).

Forstwesen

s. Wasserrecht.

Landesgebäudesteuer

G. 15/3	1926	L.	15	betr. die Einhebung einer Landesgebäudesteuer (GebäudesteuerG.).
G. 10/2	1927	L.	13	Abänderung des v. G.

Meliorationen

s. Wasserrecht.

Straßen

G. 15/2	1881	L.	9	betr. die Herstellung und Erhaltung der öffentlichen, nichtärarischen Straßen und Wege.
G. 3/7	1920	L.	7	ex 1921 betr. den Bau und die Erhaltung öffentlicher, nichtärarischer Straßen und Wege.

Wasserrecht

G. 28/8	1870	L.	65	über Benützung, Leitung und Abwehr der Gewässer.
V. 20/9	1872	L.	78	Staumaß.
V. 20/9	1872	L.	79	Wasserbuch.
G. 8/4	1912	L.	48	ex 1914 betr. einiger forst- und wasserpolizeilicher Maßnahmen.
G. 29/1	1921	L.	53	womit G. 28/8 1870 L. 65 abgeändert wird.
G. 29/4	1922	L.	53	wie vorher.

Zufahrtsstraßen

G. 26/1	1873	L.	19	betr. Herstellung und Erhaltung von Zufahrtsstraßen zu nichtärarischen Eisenbahnen.
G. 28/12	1882	L.	9	ex 1883 Abänderung des v. G.

GPSR Compliance

The European Union's (EU) General Product Safety Regulation (GPSR) is a set of rules that requires consumer products to be safe and our obligations to ensure this.

If you have any concerns about our products, you can contact us on ProductSafety@springernature.com

In case Publisher is established outside the EU, the EU authorized representative is:

Springer Nature Customer Service Center GmbH
Europaplatz 3
69115 Heidelberg, Germany

Batch number: 10844655

Printed by Printforce, the Netherlands